A HISTÓRIA DA
QUÍMICA

A HISTÓRIA DA QUÍMICA

Da tabela periódica à nanotecnologia

Anne Rooney

M.Books

M.Books do Brasil Editora Ltda.

Rua Jorge Americano, 61 - Alto da Lapa
05083-130 - São Paulo - SP - Telefone: (11) 3645-0409
www.mbooks.com.br

Dados de Catalogação na Publicação

Rooney, Anne.
A História da Química: Da Tabela Periódica à Nanotecnologia/
Anne Rooney.
2019 – São Paulo – M.Books do Brasil Editora Ltda.

1. História da Química   2. Química

ISBN: 978-85-7680-310-2

Do original em inglês: The Story of Chemistry
Publicado originalmente pela Arcturus Publishing Limited.

© 2017 Arcturus Holdings Limited.
© 2019 M.Books do Brasil Editora Ltda.

Editor: Milton Mira de Assumpção Filho

Tradutor: Maria Beatriz de Medina

Produção editorial: Lucimara Leal

Revisão: Heloisa Dionysia

Editoração e capa: Crontec

2019
M.Books do Brasil Editora Ltda.
Todos os direitos reservados.
Proibida a reprodução total ou parcial.
Os infratores serão punidos na forma da lei.

Sumário

Introdução: A matéria-prima do mundo 6

Capítulo 1   Química sem saber   10

Aventuras da pré-química • Metais e mineração • A bioquímica atrelada
• O início da química • Elementos elementares

Capítulo 2   Uma ciência espiritual   24

Uma ocupação respeitável • A origem obscura da alquimia • Químicos na prática
• Alquimia árabe • A alquimia chega à Europa • Além dos metais
• Falsa alquimia e alquimistas falsos

Capítulo 3   O ouro e a Idade do Ouro   54

Renascimento: a alquimia renasce • Alquimia e medicina • Medicina transcendente
• Sigilo, verdade e fraude

Capítulo 4   Da alquimia à química   68

O método científico • Um divórcio amigável • A química em surgimento
• Elementos antigos e novos

Capítulo 5   O nada aéreo   86

O ar invisível • Mais do que um ar • Fogo e ar • Queima e respiração
• Ar composto ou misturado? • Nem todo ar • A surpresa da água • De volta aos gases

Capítulo 6   Átomos, elementos e afinidades   106

Átomos e elementos • De átomos a moléculas • União • Átomos em foco
• Os elementos se unem • Organização de elementos • Átomos indivisíveis?
• Os elétrons trabalham

Capítulo 7   Ligações da vida   140

Os vivos e não vivos • Além das ligações • Para cima e para baixo • A química da vida
• A cura da química • Quando a química do corpo dá errado • Substâncias do passado

Capítulo 8   O que tem aí?   168

Investigação e identificação • Química seca e úmida • Desmisturar as coisas
• Elementos e eletricidade • Doçura e luz • Medir pela massa • Olhar lá dentro

Capítulo 9   Fazer coisas   192

Síntese e sintéticos • A revolução dos plásticos • Guerra e necessidade, mães da invenção
• De átomo em átomo

Conclusão   No futuro   202

Índice remissivo   204

Crédito das fotos   208

INTRODUÇÃO

A MATÉRIA-PRIMA DO MUNDO

"A química é o estudo da metamorfose material dos materiais."

August Kekulé, 1861

A química e a magia parecem ter muito em comum. Ambas envolvem a transformação da matéria por meios invisíveis. Embora não possa transformar um príncipe em rã, a química pode explicar como a matéria-prima dos alimentos, da água e do ar se transforma numa rã ou num príncipe. Com a química, é possível produzir substâncias que tornam os alimentos venenosos ou mais gostosos e criar cristais aparentemente do nada. A química lida com labaredas coloridas, líquidos que mudam de cor e metais que escorrem como líquidos ou pegam fogo. Não admira que

A reação surpreendente e explosiva do sódio com a água não é como a maioria esperaria que um metal se comportasse em contato com o líquido mais comum da Terra.

A MATÉRIA-PRIMA DO MUNDO

A vibrante cor dos azulejos islâmicos medievais é produzida pelo óxido de cobalto.

tenha cativado nossa imaginação durante milênios.

A química é o estudo do material, da matéria-prima que forma o universo físico; ela tenta explicar como e por que a matéria interage e muda do jeito que faz. A história da química começa muito antes que as pessoas entendessem bem a natureza da matéria mas quando já exploravam diariamente suas propriedades. Nossos ancestrais acumularam e usaram seu conhecimento do que viria a se tornar a química sem encaixá-lo em nenhum arcabouço teórico explicativo. Eles descobriram que certas coisas da terra coloriam os esmaltes de azul ou que tratar de certo modo o ferro que fundiam o deixava mais forte. Mas esse era apenas o jeito das coisas, sem explicações racionais. O conhecimento químico acumulou-se na tradição dos artesãos e foi transmitido por sua utilidade.

Elementos e partículas

Em geral, o início da ciência, inclusive da química, é localizado na cultura da Grécia Antiga, há mais de 2.500 anos. Foi lá que as pessoas iniciaram a busca de explicações não enraizadas no sobrenatural. Como protoquímicos, os gregos começaram a explicar o comportamento do mundo material recorrendo a ideias filosoficamente construídas sobre a natureza da matéria.

7

INTRODUÇÃO

A atividade dos alquimistas se concentrava em tentar transformar metais vis em ouro e prata. Como mostra esse quadro de Pietro Longhi, a segurança e a proteção à saúde eram frouxas em 1757.

Entre elas, estavam as primeiras sugestões de que a matéria poderia se compor de elementos e se decompor em partículas minúsculas — embora suas versões dessas ideias estivessem bem distantes das nossas e competissem com outros modelos.

Os antigos gregos deixaram ao mundo algumas ideias sobre elementos e partículas e uma abordagem precoce de um modo científico de pensar, mas decorreriam mais de dois mil anos antes que o progresso constante rumo à química moderna começasse. Nesse ínterim, a química era alquimia: a busca semimística de agentes de transformação que pudessem fazer metais vis virarem ouro ou conceder saúde e até imortalidade. Apesar de toda a aparência externa, a alquimia não era magia. Ela se baseava em conhecimentos sólidos sobre as substâncias químicas, mas interpretados num arcabouço incorreto; de forma lógica e inevitável, concluíam-se noções falsas.

Al-química

Mesmo quando a química "de verdade" começou a surgir na Revolução Científica dos séculos XVII e XVIII, muitos cientistas racionais continuaram sua pesquisa alquímica, não vendo conflito entre ela e suas investigações oficiais. Essa mistura de química e alquimia do início da era moderna poderia ser chamada de al-química. Quando surgiram os modelos atuais de átomos, elementos e ligações moleculares, a alquimia e a química finalmente se separaram. A premissa central da alquimia não era mais sustentável. Em nome da ciência, a alquimia teve de ser abandonada.

A história da química é a história do anseio de entender e dominar a matéria-prima do mundo que nos cerca. É uma história que começa queimando a largada e que, embora não veja o quadro maior, avança nos detalhes. Os alquimistas e al-químicos fizeram avanços enormes ao descobrir como os materiais se comportam, como fazer compostos químicos novos e como desenvolver técnicas e equipamento ainda usados até hoje, mesmo com seu arcabouço teórico extremamente errado.

Papel central

A partir do século XVIII, com os químicos finalmente no caminho certo, o progresso se acelerou. A química chegou à maioridade com o paradigma moderno de átomos de elementos que se combinam formando ligações químicas. Nesse momento, o vínculo entre química, biologia e física ficou claro. Hoje, a química ocupa lugar central na grande história da ciência, unindo as outras disciplinas. Os químicos destrinçaram os mistérios da matéria e hoje podem explicar e prever as mudanças acarretadas por calor, combinação, refino e alterações em geral da matéria química do mundo. Hoje, quase todos os processos que deixavam nossos antecessores perplexos foram explicados.

A química moderna ainda trata das transformações da matéria, mas está embasada no entendimento. Trabalha em conjunto com uma série de outras disciplinas e está a serviço delas. A química nos revela o funcionamento do mundo natural, inclusive de nosso corpo, e nos dá ferramentas para fazer, sob medida para nossas necessidades, materiais novos que não ocorrem na natureza. Ela também nos dá os meios para criar um caos terrível. Nossa responsabilidade é usá-la com sabedoria.

CAPÍTULO 1

QUÍMICA SEM SABER

"Na ciência, é um serviço do mais alto mérito buscar aquelas verdades fragmentadas atingidas pelos antigos e desenvolvê-las ainda mais."

Johann Wolfgang von Goethe, 1749-1832

Uma das características que nos definem como seres humanos é o uso do material que encontramos no mundo natural. Desde a Pré-história, fizemos pigmentos, ferramentas, alimentos, cerâmica, tijolos, remédios, perfumes e joias, moldando a matéria que nos cerca em novas formas físicas e químicas. Fizemos isso muito antes de termos algum conceito de "química" como ciência.

Durante milênios, a feitura de remédios foi um incentivo importante para o progresso da química. Aqui, o trabalho de farmacêuticos persas do século XIII.

CAPÍTULO 1

Aventuras da pré-química

Nossos primeiros ancestrais começaram a explorar a pré-química quando descobriram o poder transformador do fogo ou dos minerais e materiais vegetais moídos para fazer pigmentos e remédios. Sem dúvida, essas primeiras aventuras foram arriscadas e aleatórias; revelaram algumas substâncias úteis, outras não e, provavelmente, algumas que eram absolutamente perigosas.

Os primeiros seres humanos a mexer com a matéria e suas propriedades exploraram as riquezas do ambiente natural de maneira a mudá-las para descobrir novas propriedades. Essa é a própria essência da química: descobrir de que maneira a matéria pode ser transformada e usá-la para nosso bem. É fácil imaginar um ancestral do período Paleolítico enfiando uma vara no fogo e descobrindo que conseguia fazer marcas na pedra com a ponta enegrecida, ou que a carne fibrosa, suculenta e difícil de mastigar fica mais fácil de comer e tem um sabor diferente depois da aplicação do fogo. Talvez os corantes e pigmentos tenham sido descobertos acidentalmente, quando material vegetal espremido deixou uma mancha. Sem a curiosidade, esses acidentes favoráveis não teriam nenhuma consequência. Os seres humanos inquisitivos que aqueceram torrões com veios brilhantes para extrair o metal ou deram forma útil ao barro a seus pés foram os primeiros protocientistas, os primeiros pré-químicos. Eles não sabiam nem precisavam saber como a transformação da matéria ocorria nem por que suas propriedades mudavam; eles simplesmente exploraram e aproveitaram suas descobertas de uma maneira que se tornou essencial para a cultura e a civilização humanas.

A química das cores

Há muito tempo, as pessoas começaram a decorar seu ambiente pintando as paredes das cavernas onde moravam. Os primeiros indícios da fabricação de pigmentos datam de setenta mil a cem mil anos atrás, no sistema de cavernas Blombos, na África do Sul. Ali, os arqueólogos encontraram dois ingredientes para fazer tinta: ocre e ossos de animais, que os artistas simplesmente moíam juntos. O ocre é um mineral que ocorre naturalmente e consiste de sílica, argila e uma substância rica em ferro chamada goethita que lhe dá a cor, que vai de amarelo a marrom-alaranjado. Outras tintas pré-históricas eram feitas de carbono (ossos ou madeira queimados) para o preto, giz (calcita, carbonato de cálcio) para o branco e pigmentos naturais como úmbria (mistura natural rica em ferro e manganês) para os marrons e tons de creme. Às vezes, encontravam-se pigmentos naturais na argila, que podia ser aplicada diretamente a uma superfície, como um lápis de cor. Caso contrário, os pigmentos eram moídos e misturados com água, sucos de plantas, urina, gordura animal, clara de ovo ou alguma outra base que evaporasse ou en-

Pintura neolítica, feita entre 2.500 e 4.000 anos atrás em cavernas da Tailândia com um pigmento vermelho-vivo.

QUÍMICA SEM SABER

O ocre dos penhascos próximos a Roussillon, na França, é usado desde a época Pré-histórica; seu processamento moderno para fazer um pigmento não comestível data de 1780.

Úmbria em pó, pigmento mineral da região de Úmbria, na Itália.

ria uma vantagem no caso da decoração do corpo).

Do Paleolítico às panelas

No período Neolítico, uns dez mil anos atrás, as pessoas começaram a se instalar num só lugar e a lavrar a terra. Logo, elas desenvolveram a cerâmica e começaram a trabalhar com metais. Essas duas atividades envolviam o processamento dos materiais por meio do calor, às vezes misturando-os para alterar suas propriedades.

Os fornos para cozer cerâmica apareceram por volta de 6000 a.C. Os esmaltes coloridos para dar cor permanente à cerâmica começaram a ser usados por volta do quarto ou terceiro milênio antes de Cristo. Eram feitos com uma mistura de minerais com areia, aquecida até derreter. Esses esmaltes podem ter sido descobertos acidentalmente, já que a fundição de cobre era feita em fornalhas de argila; pode ter surgido um esmalte azul em pedras ou na argila quando o cobre formou compostos em sua superfície.

Também se usava argila para fazer tijolos, secos ao sol ou cozidos no forno. Era comum misturar palha na argila para deixá-la mais forte.

durecesse depois que a mistura era pintada na parede. Parece que a razão mais antiga para garimpar rochas era extrair pigmentos minerais para pintar as paredes das cavernas ou decorar o corpo, e as pessoas percorriam distâncias consideráveis para obtê-los.

Os pigmentos usados para tingir tecidos ou adornar o corpo geralmente tinham base vegetal. Alguns não eram permanentes e saíam na água, e foi necessária alguma experimentação para descobrir quais eram duradouros e quais não eram (e "não" se-

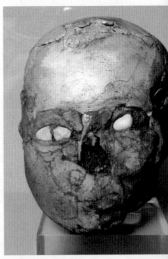

Por volta de 7000 a.C., gesso, pigmentos e conchas (para os olhos) foram usados para recriar a cabeça de uma pessoa morta nas práticas mais antigas de veneração de ancestrais do Oriente Médio.

CAPÍTULO 1

> **VIDRO A PARTIR DE ESMALTES**
>
> O vidro foi desenvolvido como esmalte para cerâmica por volta de 3500 a.C. na Mesopotâmia (o Iraque de hoje). Mil anos depois, foi produzido como substância isolada. O principal ingrediente do vidro é o dióxido de silício, abundante sob a forma de areia. Qualquer civilização com praia pode fazer vidro; tanto os antigos gregos quanto os romanos fizeram objetos de vidro extraordinários. O vidro derretido poderia ser soprado ou moldado e era fácil de misturar com minerais para produzir cores vibrantes. O vidro não é muito robusto, mas é duríssimo, não se corrói nem se dissolve, e por isso foi útil nas investidas posteriores da química.
>
> *Faiança egípcia produzida por pigmentos de cobre.*

Metais e mineração

As primeiras atividades da protoquímica deixaram poucos vestígios. É preciso pouco esforço e nenhuma ferramenta especial para colher plantas e esmagá-las. Trabalhar com argila é fácil em áreas onde ela pode ser colhida com a mão no leito dos rios. O resultado, artefatos e vasilhas de cerâmica pintados ou tingidos, não costuma durar muito. Quando as pessoas aprenderam a cozer a cerâmica numa fornalha em vez de deixá-la secar ao sol, ela passou a durar mais, mas ainda era frágil. Boa parte da cerâmica antiga que sobreviveu foi deliberadamente conservada em túmulos.

O trabalho com metal é mais complexo e produz objetos mais duráveis. É preciso trabalho físico para extrair o metal e lhe dar forma, em geral exigindo temperaturas altas e algum risco. Minas e fundições deixam indícios que podem ser encontrados por arqueólogos.

Seis metais sólidos são conhecidos desde a Pré-história: ouro, prata, estanho, cobre, chumbo e ferro. O cobre foi o primeiro a ser usado, descoberto de forma independente em vários lugares do mundo. A primeira prova do trabalho com metais é uma fundição de cobre na Sérvia, datada de 5500 a.C. Foram necessários mais uns mil anos até a descoberta de que misturar cobre com outras substâncias como arsênio ou estanho forma um metal muito mais duro e útil, a liga bronze. Logo o bronze foi amplamente usado em armas e ferramentas. A manufatura de bronze marca o fim da Idade da Pedra e o início de um novo período da história humana, a Idade do Bronze, que começou no quinto milênio a.C. no Oriente Médio, na Índia e na China.

Bronzes da Idade do Bronze

O primeiro bronze foi uma liga de cobre e arsênio. É provável que o bronze de arsênio tenha sido inventado por acidente. Geralmente, cobre e outros metais ocorrem naturalmente no mesmo minério (rocha que contém depósitos de um me-

QUÍMICA SEM SABER

tal ou mineral), e às vezes se une a outros elementos num composto. O metal tem de ser separado do resto da rocha e "reduzido", ou seja, ter o oxigênio removido. Isso se consegue com a fundição, em que se aquece o minério. O metal se combina com o oxigênio do ar, formando um óxido. Depois, o óxido tem de ser reduzido para liberar o metal. Um método comum é (e era) aquecê-lo com carvão numa atmosfera pobre em oxigênio. Depois de arder por algum tempo em espaço confinado, o fogo usa naturalmente boa parte do oxigênio disponível, e não seria preciso muita experimentação nem conhecimento químico para descobrir isso. Se o minério contivesse cobre mas não arsênio, o processo produziria primeiro um óxido de cobre e depois, na redução, cobre puro. Mas, se o minério contivesse arsênio, como é bastante comum, este se misturaria com o cobre, produzindo bronze.

O arsênio tem ponto de fusão de 817°C, mais baixo do que o cobre (1.085°C), e tende a sublimar (ir diretamente de sólido a gás). Nesse caso, o gás é tóxico. Contanto que o metalúrgico não respirasse as emissões e morresse antes do fim do processo, pelo menos parte do vapor de arsênio se dissolveria no cobre derretido e produziria bronze. Esse bronze acidental seria considerado superior ao cobre (em termos de utilidade), de modo que o minério que o produzia seria usado novamente e, talvez, acrescentado a outros minérios de cobre para fazer bronze deliberadamente.

É extremamente improvável que alguém tivesse extraído arsênio sozinho — e sobrevivesse para repetir o exercício. Isolar o arsênio exigiria fundi-lo, mas ele se sublimaria rapidamente e produziria vapores venenosos. Caso se conseguisse condensá-los e prendê-los, o arsênio não seria muito útil. Ele é um metaloide e, embora tenha algumas propriedades dos metais, tem outras dos não metais. O resultado da fusão seria um pó cinzento ou um cristal preto, dependendo da velocidade do resfriamento. Essas dificuldades tornam improvável que os primeiros metalúrgicos acrescentassem arsênio diretamente ao cobre derretido para fazer bronze em vez de usar minérios que contivessem arsênio.

O bronze com estanho surgiu por volta de 4500 a.C. na Sérvia. Ao contrário do bronze de arsênio, a vantagem de misturar estanho e cobre não poderia ser descoberta por acidente, pois os dois metais não são encontrados no mesmo lugar. Ambos têm de ser garimpados, extraídos de seus minérios e depois misturados quando derretidos. Assim, desde o começo a feitura de bronze com estanho teve de recorrer às

No antigo Japão, fundia-se cobre numa depressão cavada no chão. O minério era empilhado com carvão e queimado; o metal derretido caía no buraco. Aqui, o metalúrgico se protege de vapores nocivos cobrindo o rosto com um pano.

15

CAPÍTULO 1

A ADAGA DOS CÉUS

Em 1923, quando Howard Carter abriu o túmulo do antigo rei egípcio Tutancâmon, mil e trezentos anos depois de selado, muitas surpresas e mistérios receberam a equipe arqueológica. Entre eles, estava uma pequena adaga de lâmina de ferro escondida nas ataduras da múmia do rei. Talvez não pareça nada demais, mas os egípcios viveram na Idade do Bronze, antes da época da fundição de ferro, e não havia jazidas de ferro locais. Além disso, apesar da idade a adaga de ferro não mostrava sinais de ferrugem, o que foi explicado em 2016, quando a espectrometria por fluorescência de raios X revelou o elevado teor de níquel. Na verdade, o ferro da lâmina veio do espaço exterior. Metalúrgicos engenhosos e habilidosos encontraram um meteorito de ferro e fizeram a lâmina com ele. A composição do metal é muito semelhante à de um meteorito encontrado na área próxima ao Mar Negro. Também se encontraram contas de metal escuro, de composição semelhante, com 5.200 anos. Os egípcios chamavam o ferro meteórico de "metal dos céus".

A adaga de ferro do túmulo de Tutancâmon e sua bainha de ouro decorado.

redes de transporte e comércio, envolvendo pessoas de regiões diferentes.

O ferro na Idade do Ferro

O progresso da metalurgia foi impelido pelo desejo de obter implementos agrícolas melhores e, principalmente, armas melhores. Mais tarde, as pessoas aprenderam a extrair minério de ferro e fundir o metal. Isso marcou o fim da Idade do Bronze e o início da Idade do Ferro, geralmente entre 1200 a.C. e 600 a.C. em diversas partes do mundo. O ferro meteórico maleável era usado no norte da África desde, pelo menos, 3200 a.C. (ver o quadro à esquerda).

O ferro derrete a uma temperatura muito mais alta do que o cobre, 1.538°C, e alguns grandes avanços tecnológicos foram necessários para possibilitar a fundição de ferro. Embora seja chamada de Idade do Ferro, ninguém usava ferro puro em armas e ferramentas. O ferro tende a enferrujar e não é muito duro. Quando se mistura o ferro com a proporção correta de carbono, tem-se o aço, muito mais duro e resistente. O surgimento de armas e ferramentas de aço levou ao avanço rápido da tecnologia.

Mais metais

Provavelmente, o ouro foi descoberto mais ou menos na mesma época que o cobre, talvez até antes, já que existe em pepitas puras na natureza. Não precisa ser extraído do minério; pode ser cavado na terra ou colhido em rios como agulhas, pepitas ou pó. Derrete em temperatura baixa e é extremamente maleável, sendo um dos metais mais fáceis de trabalhar. Como não se oxida nem reage de outras maneiras, era usado em joias e outros adornos corporais desde épocas bem antigas; o tesouro de ouro mais antigo que se conhece data

QUÍMICA SEM SABER

Os etruscos faziam dentes falsos fixando dentes humanos ou animais em faixas de ouro que, depois, eram presas aos dentes que restavam no paciente.

do quinto milênio a.C., na Bulgária. Foi usado até na odontologia pelos etruscos, antigos habitantes da Toscana, na Itália, desde 700 a 600 a.C. É provável que a prata tenha sido descoberta pouco depois do cobre e do ouro.

Por ser relativamente fácil de extrair dos minérios e bastante macio para trabalhar, o chumbo é usado há muito tempo — desde, pelo menos, 6.500 a.C., data de algumas contas de chumbo fundido encontradas na Turquia. É macio demais para armas e ferramentas, e seu uso predominante na época dos gregos e romanos era em canos e tanques d'água. É possível que o chumbo tenha sido a primeira fonte de poluição antropogênica; amostras de núcleos de gelo da Groenlândia mostram nível elevado de chumbo na atmosfera no período entre 500 a.C. e 400 d.C.

O zinco foi combinado ao cobre para fazer latão a partir do segundo milênio a.C. Objetos de bronze zincado de 1400 a 1000 a.C. foram encontrados na Palestina,

e uma liga pré-histórica com 87% de zinco foi achada na Transilvânia. O minério de zinco era fundido junto com o cobre, técnica mais tarde usada pelos romanos. Na Índia, o zinco era extraído do carbonato de zinco no século XIII, mas teve de ser redescoberto na Europa, não tendo sido notado até a década de 1740.

A bioquímica atrelada

Enquanto a metalurgia era essencial para fazer armas e ferramentas, muitas atividades domésticas cotidianas também usavam a química. A maioria delas explorava a química orgânica, que trata dos compostos de carbono, principalmente aqueles que formam os organismos vivos.

A química da atividade doméstica — da culinária, do tingimento, da pintura, do curtume de couros, da feitura de remédios, sabões e perfumes — provavelmente se desenvolveu por simples tentativa e erro. Isso logo revelaria quais pigmentos são firmes e quais saem na lavagem, que formas de cera ou gordura produzem as melhores

Pigmentos são usados na moderna fabricação de velas.

CAPÍTULO 1

CUIDAR DOS MORTOS

Os antigos egípcios são famosos pela prática de mumificar seus mortos de posição social elevada. Esse método de preservação aproveitava a ação de um composto inorgânico sobre os compostos orgânicos do corpo.

Primeiro, os órgãos eram removidos do corpo. Depois, as cavidades eram preenchidas com uma substância chamada natro, que ocorre naturalmente — uma mistura de bicarbonato de sódio, carbonato de sódio deca-hidratado, cloreto de sódio (sal de cozinha) e sulfato de sódio. (O símbolo químico do sódio, Na, vem originalmente de "natro" por meio do latim *natrium*.) O natro desidratava o corpo rapidamente e saponificava as gorduras (transformava-as em sabão), prevenindo a putrefação. O corpo seco e vazio era então cheio de linho ou serragem misturados a óleos e unguentos como mirra, canela e almécega. Algumas dessas substâncias tinham ação antibacteriana, ajudando a impedir o apodrecimento. O corpo era envolto em ataduras de linho, com óleos e resinas aplicados entre as camadas. Isso formava uma cobertura à prova d'água e, mais uma vez, tinha alguns efeitos antibacterianos, ajudando ainda mais a preservar o corpo.

O natro tinha muitos usos fora dos túmulos. Era usado como produto de limpeza, para fazer sabão, como pasta de dentes e enxaguatório bucal e antisséptico para uso em feridas. Era usado para alvejar pano, tratar o couro, como inseticida e para preservar peixe e carne. O natro absorve água e é um excelente secante; em solução, produz um álcali que impede o crescimento das bactérias. Era coletado em depósitos no leito seco dos lagos.

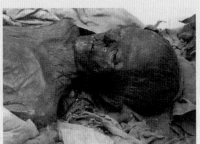

A eficácia da química da mumificação fica clara nessa múmia egípcia desenrolada.

A espuma no alto da cerveja em preparação fornecia leveduras para os antigos padeiros.

velas e lamparinas e como o aroma volátil de flores, especiarias e outras substâncias pode ser preso e preservado em misturas cerosas ou oleosas. Esses processos eram usados diariamente e passados de pessoa a pessoa, geralmente a donas de casa e artesãos analfabetos. Não era ciência; era artesanato, talvez apenas vida.

Pôr os micróbios para trabalhar

Processos químicos orgânicos ocorrem dentro dos organismos vivos. É por meio deles que se cria todo alimento, seja por plantas que fazem fotossíntese, seja por animais que processam plantas, e eles realizam todas as funções dos corpos vi-

QUÍMICA SEM SABER

vos. Dois processos domésticos fazem uso específico da química orgânica: a fabricação de bebidas alcoólicas e a feitura de pães e bolos aproveitam a atividade das leveduras.

A ação das leveduras era conhecida pelo menos cinco mil anos atrás, no Antigo Egito. É provável que micro-organismos que ocorrem naturalmente em cereais e frutas tenham sido os contaminantes invisíveis que fizeram fermentar líquidos feitos de frutas, produzindo álcool. Houve fertilização cruzada entre os setores, com padeiros pegando a espuma da produção de cerveja para pôr no pão, introduzindo assim leveduras que o faziam crescer. Não demorou para as pessoas pegarem uma porção de bebida ou massa fermentada e usá-la para semear um novo lote, acrescentando leveduras para iniciar o processo mais depressa (embora sem ter consciência nenhuma da existência de micro-organismos). A ação das leveduras como organismos só foi descoberta no século XIX, com o trabalho do biólogo francês Louis Pasteur (ver a página 155); nessa época, esses micro-organismos já trabalhavam para nós havia milênios.

O início da química

É provável que nossos ancestrais achassem as propriedades e reações de materiais, como minérios ou natro, tão pouco extraordinárias quanto as mudanças que ocorrem na carne ou nos ovos quando cozidos. Também são mudanças químicas, mas estamos tão familiarizados com elas que não as vemos como "ciência". Mas, em algum momento, o pensamento científico começou a surgir quando as pessoas passaram a se perguntar o que acontece e por quê. Como tantas outras coisas, esse momento aconteceu na Grécia Antiga, cerca de 2.500 anos atrás.

Para onde vai?

Basta ferver uma mistura líquida — uma panela de sopa, digamos — para produzir um caldo mais concentrado com a remoção de parte da água ou de outro solvente. Os cozinheiros sabiam disso desde a pré-história. Mas, quando evaporamos um líquido e concentramos ou secamos o que resta, o líquido tem de ir para algum lugar. O vapor é visível quando evapora da sopa quente, mas logo se dispersa na atmosfera. O filósofo grego Aristóteles (384-322 a.C.) escreveu sobre a "exalação" inflamável produzida pelo vinho normal. Essa exalação é o álcool volátil, que sem dúvida evaporava depressa sob o quente sol grego.

Essa recriação de um antigo método indiano de destilação mostra a simplicidade do processo. O líquido é aquecido numa vasilha fechada, e o vapor desce por um cano para se condensar num recipiente, aqui esfriado por água corrente.

CAPÍTULO 1

Depois de notar que o líquido evapora, é um pequeno passo descobrir como recondensá-lo e recolhê-lo. O processo de ferver um líquido e recolher o condensado é chamado de destilação química. Pode ser aplicado de forma útil a muitos tipos de líquido. Não há indícios de que os antigos gregos usassem a destilação para reforçar seu vinho, apesar da observação de Aristóteles sobre suas "exalações". No entanto, ele notou que, se a água do mar for aquecida e condensada, a água recolhida é potável. Alexandre de Afrodísia, em seus comentários sobre Aristóteles, menciona que o processo era usado em seu tempo (por volta de 200 d.C.). A água do mar era fervida em chaleiras de latão, e a água, condensada em esponjas que, depois, podiam ser espremidas.

A destilação também era usada na extração de mercúrio e na produção de terebintina. Os dois procedimentos foram descritos por Dioscórides e Plínio, o Velho, no século I d.C. O mercúrio era derivado do cinábrio, extraído na Espanha e usado como pigmento vermelho pelos romanos. Para purificá-lo, punham-no numa cápsula ou colher de ferro e o aqueciam numa vasilha de cerâmica vedada. Depois do aquecimento, abriam a vasilha e raspavam lá de dentro o mercúrio líquido condensado. Eles consideravam esse mercúrio "artificial" superior ao que ocorria naturalmente nas minas, embora quimicamente os dois fossem idênticos. Para destilar a resina de pinheiro, ela era aquecida numa vasilha coberta com uma camada de lã. A terebintina condensada era recolhida pela lã e depois espremida.

O cinábrio — sulfeto de mercúrio (II) — aparece nas rochas como um depósito vermelho.

Fazer e pensar

Aristóteles não só notou o comportamento dos líquidos que se evaporam e se condensam como também pensou profundamente a respeito. Os antigos gregos deixaram o registro mais antigo do pensamento protocientífico, a partir da obra de Tales de Mileto (c.624-c.546 a.C.), primeira pessoa conhecida a tentar explicar os fenômenos recorrendo a processos naturais e não ao sobrenatural. A partir daí, as pessoas começaram a se perguntar por que os materiais com que trabalhavam se comportavam daquela maneira. Puseram-se a investigar a natureza da matéria e seus componentes, a princípio abordando o problema pela filosofia e não pela investigação empírica (isto é, observação e experimentação). Essa foi a origem da química.

Matéria e nada

Antes de considerar os componentes fundamentais da matéria, é necessário pensar se a matéria é contínua ou dividida em partículas, embora a importância disso não pareça imediatamente óbvia. Em essência, havia dois modelos concorrentes da natureza da matéria: ou ela é contínua e preenche todo o universo sem lacunas ou é feita de partículas polvilhadas pelo espaço vazio. Na antiga filosofia grega, isso fazia parte de um debate maior: se tudo é

QUÍMICA SEM SABER

uma única coisa imutável ou se o universo contém muitas coisas e está sujeito a mudanças.

Na primeira metade do século V a.C., o filósofo Parmênides defendeu que todo "ser" é um contínuo único, imutável e eterno. A opinião oposta foi desenvolvida por Leucipo e Demócrito, também no século V a.C. Eles defendiam que toda matéria é feita de partículas minúsculas e indivisíveis que existem no vácuo. Chamaram-nas de "átomos" ou "incortáveis". Nesse modelo, toda matéria e todas as suas propriedades são produzidas pela interação e pelo arranjo desses átomos. Aristóteles rejeitou o modelo atômico, pois não acreditava que o vácuo pudesse existir; para ele, o universo era lotado de matéria contínua. Sua opinião predominou até o século XVIII e foi usada para argumentar contra a existência do vácuo quando Otto von Guericke construiu uma bomba de vácuo em 1657 (ver a página 90).

Elementos elementares

A próxima pergunta óbvia a fazer sobre a matéria é: de que é feita?

Mais uma vez, havia duas posições principais na Grécia Antiga. Toda a matéria poderia derivar de uma única substância fundamental original ou ser feita de uma mistura de alguns elementos ou "raízes". A ideia mais antiga era que toda a matéria teve uma forma única original. Tales a abordou e propôs que a fonte de toda matéria é a água. Anaxímenes, outro filósofo do século VI em Mileto, defendia que a origem de tudo é o ar. Ao observar que a água se condensa do ar, ele propôs que o ar era a arqué, ou substância original da qual todas as outras se originam. Quando se esfria mais, o ar se torna terra e até pedra. Na outra ponta do espectro, o ar aquecido

> "Pois é necessário que haja alguma natureza, uma ou mais de uma, da qual se transformam as outras coisas. [...]Tales, fundador desse tipo de filosofia, diz que é a água."
>
> Aristóteles, *Metafísica*

queima e se torna fogo. Ele foi o primeiro a associar os pares de propriedades quente/frio e úmido/seco como características da matéria. A partir de sua proposta, foi possível ter uma única substância que se manifestava como as várias formas de matéria simplesmente por exibir propriedades diferentes.

Quatro por quatro

O filósofo greco-siciliano Empédocles (c.490-c.430 a.C.) formulou um esquema baseado em quatro elementos, que chamou de raízes. Essa se tornou a base da ciência ocidental durante cerca de dois milênios. As quatro raízes eram fogo, ar, água e terra, que se misturam em proporções diferentes para produzir toda a matéria e suas várias características.

Empédocles questionou a opinião de Parmênides (final do século VI a meados do século V a.C.) de que tudo é uno e imutável. Ele permitiu que a matéria mudasse e explicou a mudança dizendo que a proporção das quatro raízes variava. Mas Empédocles manteve um elemento do modelo de Parmênides: em si, as quatro raízes não podiam ser destruídas nem transformadas; só podiam mudar de posição, separando-se de uma substância e incorporando-se a outra.

As raízes estavam associadas ao macrocosmo ou macroestrutura da Terra e do universo. Na base ou centro fica o componente mais pesado, a terra; acima dele, em sequência, vêm água, ar e fogo. Cada

CAPÍTULO 1

> **OS ELEMENTOS EM OUTROS LUGARES**
>
> A ideia de que todos os tipos de matéria são formados por apenas alguns componentes elementares é comum há milênios e apareceu em muitas civilizações, como a antiga Babilônia, o Egito, a China, o Japão, a Índia e a Grécia. Além disso, a maioria dessas civilizações teve em comum a maior parte de seus elementos fundamentais.
> Na China, os cinco elementos eram terra, água, fogo, madeira e metal (que, para todas as intenções e propósitos, era o ouro).
> Na Índia, eram água, fogo, ar, espaço e éter ou "vazio". A menção mais antiga do grupamento terra, água, fogo e ar se encontra na Babilônia, nos séculos XVIII a XVI a.C., mas esses elementos não eram apresentados como componentes de toda a matéria, como fizeram os gregos mais tarde. Nessas primeiras descrições, os elementos costumavam ter um aspecto espiritual ou eram associados a divindades e não se restringiam inteiramente às propriedades físicas da matéria. Mesmo para os gregos, sua natureza elementar estava investida tanto em suas propriedades quando nas substâncias físicas, e muitas vezes se postulava uma forma pura e hipotética, sendo impuras as versões mundanas.
>
>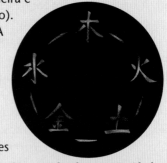
>
> *A partir do alto, em sentido horário, os elementos chineses na sequência de sua geração um do outro: madeira, fogo, terra, metal e água.*

elemento tem seu próprio lugar natural e tenderá a esse lugar, e assim fogo e ar quente sobem, a água cai através do ar e da terra e as pedras caem através da água.

Aristóteles acrescentou um quinto elemento, o rarefeito éter encontrado apenas no firmamento. Essa era uma substância muito diáfana que (acreditava ele) existia muito acima dos reinos da terra, da água, do ar e até do fogo. O éter ficaria num vaivém pela química e pela física durante 2.300 anos; talvez ainda voltemos a ouvir falar dele.

Elementos e propriedades

As quatro raízes, que agora começaremos a chamar de elementos, estavam associadas a quatro propriedades: quente, frio, seco e úmido. Aristóteles atribuía duas propriedades a cada um dos quatro elementos terrestres: o fogo é quente e seco; o ar é quente e úmido; a água é fria e úmida; a terra é fria e seca. O quinto elemento, o éter, não compartilhava dessas propriedades; era imutável e puro e não entrava em combinação com os outros.

Ar e água são fluidos e adotam a forma do recipiente onde estão; em comum, são úmidos. Os pares fogo/água e ar/terra são opostos exatos, pois não têm propriedades em comum um com o outro.

Há duas maneiras de ver os elementos e suas propriedades. Uma é ver os elementos como substâncias físicas que têm propriedades (calor, frio, umidade e secura) em quantidades fixas. Assim, a proporção de cada elemento numa substância determina sua exata natureza. Por exemplo, uma substância com 80% de água e 20% de terra (podemos chamá-la de lama, mas isso seria literal demais) teria muita propriedade frio, porque a receberia de am-

QUÍMICA SEM SABER

ELEMENTOS E HUMORES

Em geral, considerava-se o corpo humano um microcosmo que espelhava o macrocosmo do universo. Ele também era governado pelas mesmas quatro propriedades, associadas a quatro fluidos corporais ou "humores" no modelo proposto por Hipócrates (460-370 a.C.). Eles correspondem aos elementos de acordo com as propriedades que têm em comum: o sangue corresponde ao ar, a fleuma, à água, a bile amarela, ao fogo e a bile negra, à terra. Um modelo médico imenso e complexo se acumulou em torno dos humores, com base principalmente na obra do médico romano Galeno (30-210 d.C.). O sistema humoral durou uns dois mil anos como principal modelo para explicar a saúde e a doença. O sistema de quatro elementos e humores correspondentes criava paralelos suficientes entre a matéria-prima do mundo e a matéria-prima do corpo para explicar, mais tarde, a correspondência entre os modelos da alquimia e da medicina.

bos os elementos, bastante de umidade e um pouco de secura.

Outra maneira de ver os elementos e propriedades é menos literal. Fogo, ar, água e terra não são as manifestações reais dos elementos que nos cercam, mas versões idealizadas que transmitem as propriedades. Isso faz mais sentido, pois até os antigos gregos devem ter percebido que seria difícil, digamos, fazer uvas assando terra, água e ar juntos. Mas eles poderiam observar que a vinha tira algo do calor do sol, do ar e da terra para fazer uvas, então tudo faz sentido se não for entendido de forma demasiado literal.

Fora da Grécia

Assim, os gregos estabeleceram alguns pontos de partida básicos da química. Em primeiro lugar, quatro elementos formam todas as substâncias encontradas na Terra e explicam suas propriedades. Havia um consenso razoável a esse respeito, que seria transmitido pelo Egito greco-romano, pela cultura islâmica e pela Europa medieval até meados do século XVII. Havia menos concordância a respeito da segunda questão: se a matéria é contínua ou formada de partículas isoladas no vácuo. Quando as partículas eram aceitas, supunha-se geralmente que não podiam ser mais reduzidas além dos quatro elementos, e havia um arcabouço prototípico atômico/elementar, pelo menos como opção.

Essas ideias possibilitaram a química. As pessoas poderiam começar a explorar a matéria-prima do mundo e o que ela pode fazer, dando algum tipo de explicação racional em vez de simplesmente documentar observações ou apelar ao sobrenatural para entender os fenômenos.

Nesta representação medieval da Árvore da Vida, a Terra está cercada por água, ar e depois, fogo.

CAPÍTULO 2

UMA CIÊNCIA ESPIRITUAL

*"Quem assim se atrair por nosso ofício maldito
Verá que nada lhe basta, por mais que seja rico.
Pois todo ouro e bens que resolver gastar
Serão sua ruína — não há o que duvidar."*

Geoffrey Chaucer, *Os contos de Canterbury*,
"O criado do cônego", século XIV

Os primeiros sinais da química moderna residem na alquimia — uma ciência que também era uma arte e que emaranhava a investigação da parte física da matéria com um objetivo espiritual esotérico. Aos olhos modernos, a alquimia parece uma tentativa de magia. Mas, por se concentrar nas transformações da matéria e nas propriedades que permitem a transformação, ela realmente foi o primeiro passo rumo à química que conhecemos hoje.

Um alquimista tenta transformar metal vil em ouro, observado por um personagem (demoníaco?) esvoaçante nesta xilogravura do século XV.

CAPÍTULO 2

Uma ocupação respeitável

Nenhum cientista moderno ficaria impune se tentasse fazer elixires mágicos ou transformar chumbo em ouro e, ao mesmo tempo, publicasse artigos respeitados numa revista acadêmica e fosse membro da Royal Society britânica. Mas essa situação era bem normal no século XVII. Isaac Newton, um dos cientistas mais famosos de todos os tempos, foi alquimista no mínimo durante tanto tempo quanto foi físico e matemático. Não havia conflito entre a "ciência" da alquimia e qualquer outro ramo da ciência. Para entender por quê, precisamos olhar as origens da alquimia e examinar por que e como a química acabou se separando dela.

A história da alquimia tem quatro estágios. A origem é o Egito greco-romano nos primeiros séculos depois de Cristo, embora poucos registros sobrevivam. Há mais indícios do início do período islâmico, quando a alquimia prosperou do século VII ao XI em várias terras árabes. Depois ela se mudou para a Europa, onde os textos gregos e árabes foram traduzidos e estudados e onde, no século XVI, a alquimia deu uma guinada para a medicina. Finalmente, o interesse cada vez maior na ciência levou a um surto de atividade nos séculos XVI e XVII, antes que a alquimia perdesse terreno para a química moderna.

A origem obscura da alquimia

Seria bastante desapontador se conseguíssemos identificar a origem da alquimia e determinar que um personagem do mundo real e talvez algum manuscrito ou pergaminho prático foi o ponto de partida dessa ocupação espiritualizada. E a alquimia não nos desaponta dessa maneira. Sua origem lendária é a "Tábua de Esmeralda" (Tabula Smaragdina), atribuída ao rei egípcio Toth, conhecido pelos gregos como Hermes Trismegisto ou "Hermes três vezes grande". Dizem que ele reinou por volta de 1900 a.C. e que foi um indivíduo extraordinariamente sábio e hábil, bem versado nos modos do mundo natural. Algumas lendas o põem na época de Moisés, personagem do Antigo Testamento, ou até antes dele. Talvez nem tenha existido.

Das obras atribuídas a Hermes Trismegisto, cerca de uma dúzia sobreviveu, e é uma estranha mistura, não muito relativa à alquimia. De acordo com a lenda, a Tábua de Esmeralda foi gravada com carac-

Isaac Newton lançou as bases da física moderna, mas dedicou boa parte de seu tempo à alquimia.

Essa imaginosa representação seiscentista da Tábua de Esmeralda está convenientemente escrita em latim.

UMA CIÊNCIA ESPIRITUAL

> **COBRA(S) NUMA VARINHA**
>
> O principal símbolo da alquimia é o caduceu, uma vara com duas serpentes, às vezes aladas, enroladas. A princípio, o caduceu era associado a Hermes Trismegisto. Como Mercúrio é o equivalente romano do Hermes grego, o caduceu também representa o símbolo astrológico Mercúrio (e o planeta); na alquimia, indica o metal mercúrio.
>
> Seu uso nos EUA como símbolo da medicina está errado e resulta da confusão com o bastão de Esculápio (que tem uma cobra só, nunca alada) Em 1902, o caduceu foi oficialmente adotado como símbolo do Corpo Médico do exército dos EUA por insistência de um oficial que não conhecia mitologia clássica tão bem quanto deveria.
>
>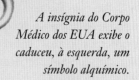
>
> *A insígnia do Corpo Médico dos EUA exibe o caduceu, à esquerda, um símbolo alquímico.*
>
>
>
> *O Departamento Médico do exército americano, mais apropriadamente, usa o bastão de Esculápio, à direita.*

> *"Verdade! Certeza! Que nisso não haja dúvida!*
> *Que o que está acima vem do que está abaixo, e que o que está abaixo vem do que está acima, realizando os milagres do único.*
> *De onde vêm todas as coisas. O pai é o Sol e a mãe é a Lua. A Terra o carregou na barriga, e o vento o alimentou na barriga, como a Terra que se tornará fogo.*
> *Liberte a Terra do que é sutil, com o máximo poder.*
> *Ele ascende da Terra ao céu e se torna o governante do que está acima e do que está abaixo."*
>
> *"A Tábua de Esmeralda"*, traduzida para o inglês por E. J. Holmyard, 1923

teres fenícios num verdadeiro bloco de esmeralda. Foi retirado das mãos mortas de Hermes (ou, pelo menos, de um cadáver sepultado sob sua estátua) por Alexandre Magno, que saqueou o túmulo no século IV a.C. Uma lenda que o localiza ainda mais cedo faz Noé levar a Tábua de Esmeralda consigo na arca.

Embora a lenda seja atraente, não há vestígios do texto da Tábua de Esmeralda antes do início do século IX, e parece consideravelmente posterior aos outros textos atribuídos a Hermes (chamados coletivamente de Hermética). A natureza críptica do texto deu muito espaço para intérpretes posteriores de tendência alquímica, que, em geral, supuseram que o "isso" citado fosse a pedra filosofal, instrumento mítico de transformação (ver a página 35). Não há nenhuma boa razão para supor que o

CAPÍTULO 2

texto trate da pedra filosofal; mesmo que trate, há muitos detalhes a esclarecer antes que o texto possa ser considerado útil.

Uma cartilha de química

A Tábua de Esmeralda original, se é que existiu, perdeu-se há muito tempo. Os primeiros textos sobre química prática são dois documentos em papiro datados do século III d.C., muito mais mundanos, embora ainda fascinantes. Escritos em grego, vêm do Egito, onde a tradição intelectual da Grécia Antiga continuou sob o domínio romano, concentrado em torno de Alexandria. São os únicos documentos químicos do Egito, lar da tradição alquímica ocidental, a sobreviver.

Os dois documentos, conhecidos como Papiro de Leiden e Papiro de Estocolmo, contêm 250 receitas químicas. Abrangem técnicas que seriam usadas por artesãos para fazer corantes e para criar ouro, prata e pedras preciosas artificiais. São instruções práticas que ainda podem ser seguidas, sem nada da parafernália espiritual e mística dos textos alquímicos posteriores. Não há um arcabouço supersticioso nem teórico para as receitas. Por exemplo, uma delas explica como preparar quantidades iguais de cal e enxofre com vinagre ou urina e aquecer a mistura até ficar vermelho-sangue. Filtrada, essa solução pode ser usada para colorir a prata de modo que pareça ouro (por depositar uma camada de sulfeto sobre a prata). Não há no papiro nenhuma sugestão de que essa solução realmente transforme um metal em outro.

Primeiros elementos e transformações

Os quatro elementos gregos, fogo, ar, terra e água, costumavam ser representados num losango que mostra quais propriedades cada par de elementos tem em comum (ver a página 23). Aristóteles explicou que qualquer elemento pode se transformar em outro com a mudança do equilíbrio entre suas propriedades. Essas transformações podem se efetuar mais depressa quando há qualidades em comum:

"O processo de conversão será rápido entre os que têm 'fatores complementares' intercambiáveis, mas lento entre os que não têm. A razão é que mudar uma única coisa é mais fácil do que mudar muitas. O Ar, por exemplo, resultará do Fogo se uma única qualidade mudar; pois o Fogo, como vimos, é quente e seco, enquanto o Ar é quente e úmido, de modo que haverá Ar se o seco for superado pelo úmido. Mais uma vez. a Água resultará do Ar se o calor for superado pelo frio; pois o Ar, como vimos, é quente e úmido, enquanto a Água é fria e úmida, de modo que, se o calor mudar, ha-

---

ALQUIMIA INTRÍNSECA E EXTRÍNSECA

Muitas vezes se disse que a alquimia tem dois domínios sobrepostos. Um é a alquimia extrínseca, a parte mais obviamente química, interessada pela transformação da matéria. A outra é a intrínseca, ou parte espiritual. Essa distinção, em grande medida, é moderna e artificial; para o antigo alquimista, não havia divisão entre as duas. Os métodos, metas e práticas do alquimista se baseavam em crenças sobre a natureza da matéria e da relação entre o terreno espiritual, religioso e astrológico e o terreno da matéria física. Tentaremos nos concentrar o máximo possível na prática da alquimia e deixar de lado os aspectos místicos mais esotéricos, mas essa separação é um tanto artificial.

verá Água. Assim também, da mesma maneira, a Terra resultará da Água e o Fogo da Terra, já que os dois elementos desses dois pares têm 'fatores complementares' intercambiáveis. Pois a Água é úmida e fria, enquanto a Terra é fria e seca — de modo que, se a umidade for superada, haverá Terra; e, mais uma vez, como o Fogo é seco e quente enquanto a Terra é fria e seca, o Fogo resultará da Terra se o frio passar."

Dois elementos totalmente contrários, se misturados, produzirão o par oposto:
"[...] de Fogo mais Água resultará Terra e Ar, e de Ar mais Terra, Fogo e Água."

Na opinião de Aristóteles, embora as propriedades elementares dessem à matéria sua forma, a matéria fundamental (ou primitiva) era sempre a mesma. Essa é uma distinção interessante que reaparecerá durante a história da química. Toda matéria, em essência, é de um só tipo, mas se manifesta de maneira diferente, seja exibindo propriedades diferentes, seja configurada de várias maneiras, seja existindo em diversas condições. Assim, a matéria elementar que tiver as propriedades secura e calor, por exemplo, se manifesta como o elemento fogo.

É claro que isso torna totalmente plausíveis as transformações entre tipos de matéria. Se o material em si não muda, só suas propriedades, seria possível transformar tudo em tudo simplesmente com alguns ajustes; era isso que os alquimistas se dispunham a fazer. Especificamente, eles visavam a transformar metais baratos como o ferro em metais valiosos — ouro ou prata.

Para Aristóteles, a matéria fundamental ou "prima" era teórica. Ele não abordou nenhuma possibilidade de isolá-la nem de trabalhar com ela diretamente; toda matéria que nos cerca no mundo tem "forma" e, portanto, tem outros atributos. Mas, para os alquimistas posteriores, a matéria-prima, despida de propriedades, era uma meta prática e, em geral, acreditava-se que pareceria um torrão preto.

Misturar, fazer e desfazer

Para efetuar transformações, parecia que os alquimistas só precisariam descobrir a quantidade de elementos no ouro, digamos, e depois igualar essas quantidades alterando alguma outra matéria. Talvez fosse preciso reduzir o material inicial à matéria primitiva desprovida de propriedades (o torrão preto) e depois reconstruir a matéria nova, ouro, com o acréscimo ou a propagação das propriedades necessárias. Quando as proporções se igualassem, a matéria original seria transformada em

Platão, à esquerda, e seu pupilo Aristóteles, na pintura de Rafael A escola de Atenas, *1509-1511.*

CAPÍTULO 2

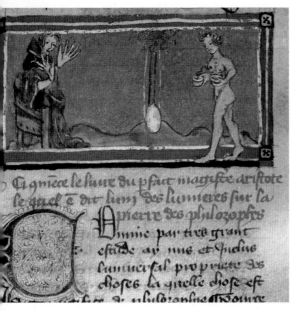

Numa representação levemente falseada da verdade, este manuscrito do século XIV mostra Aristóteles conseguindo obter a pedra filosofal.

ouro. O que poderia dar errado? A única complicação era: como fazer?

Um toque dos vapores

Aristóteles acreditava que duas "exalações" estavam envolvidas na produção de metais e minerais, uma esfumaçada e a outra, "vaporosa"; elas se formam quando os raios do Sol aquecem a terra e a água. A exalação esfumaçada, quente e seca da terra em aquecimento é responsável pela produção de minerais que não podem ser derretidos; a exalação vaporosa da água em aquecimento é responsável pela produção dos metais. Os dois tipos de exalação são impuros, misturados a um pouco do outro tipo, de modo que minerais e metais, como tudo o mais, são uma mistura dos quatro elementos.

Ele propôs que os metais se formam quando a exalação vaporosa fica presa dentro da terra e é pressionada pelo elemento frio e seco que a transforma. Assim, os metais são encontrados como veios ou minérios dentro da terra. Aristóteles acreditava que os metais podiam crescer organicamente, e, assim, uma pequena semente de ouro poderia se transformar numa pepita maior. O palco estava claramente preparado, não só para a transmutação mas também para a multiplicação de metais preciosos.

A alquimia em Alexandria

Sem dúvida, a alquimia prosperou na região próxima a Alexandria, mas pouquíssimo sobreviveu para registrar seu progresso. Provavelmente, obras que poderiam dar uma ideia da origem da alquimia foram destruídas em 292 d.C., quando o imperador romano Diocleciano exigiu a queima de todos os "livros escritos pelos egípcios sobre a cheimeia de prata e ouro".

O texto mais antigo que temos, além da suposta transcrição da Tábua de Esmeralda, é um fragmento da obra do alquimista e místico greco-egípcio Zósimo de Panópolis. (Hoje, Panópolis é Acmim.) Foi escrito por volta de 300 d.C., mas preservado em cópia posterior. Essa obra é claramente distinta das receitas dos papiros. Seu propósito era a transmutação (não a imitação) de metais, e o autor buscava estabelecer princípios e teorias e proceder por um processo lógico. Ele considerava que os "vapores" transportavam características da matéria e que a parte sólida ou corpo da matéria era genérico. Seguia-se então que, se separasse os vapores do corpo, ele conseguiria mudar a natureza de um aglomerado de matéria combinando-o com vapores diferentes. A maioria de seus métodos usava calor para separar e combinar corpos e vapores.

UMA CIÊNCIA ESPIRITUAL

Recriação de como seria uma oficina química alexandrina no século I d.C., com base em restos arqueológicos e registros da época.

Começar com segredos

Tradicionalmente, a alquimia é uma arte secreta. Pelo menos uma antiga coletânea de receitas químicas enfatizava o sigilo, mas isso porque fazia sentido comercial ocultar os métodos pelos quais o artesão ganhava dinheiro.

Zósimo também insistia na necessidade de sigilo. Como sua meta era a transmutação de metais vis em ouro, ele não queria que qualquer um descobrisse como conseguir, senão o valor do ouro e de sua habilidade despencaria. Com seus textos, começou a tradição de sigilo, alusões crípticas, alegorias, metáforas, símbolos e códigos para disfarçar a verdadeira natureza da química ali descrita. Essa prática continuaria nos séculos posteriores de realizações alquímicas. Por exemplo, o mercúrio, em vez de nomeado, é descrito como "a água prateada, o hermafrodita, aquele que foge sem cessar" e assim por diante, e alguns de seus processos são apresentados sob a forma de sequências oníricas alegóricas em que homens de metal são desmembrados num altar. Tinha de haver algum tipo de lógica na escola de palavras codificadas e algum método na alegoria, pois a ideia era comunicar-se com os iniciados e não só esconder as informações do leitor ocasional.

Fragmentos do trabalho de Zósimo existem no grego original e em traduções para siríaco e árabe. Sua obra tinha 28 volumes, portanto havia claramente muito a dizer sobre alquimia na época. Ele se refere a textos anteriores (hoje perdidos)

AS DAMAS PRIMEIRO

Zósimo creditava a quatro mulheres a invenção da alquimia, duas das quais têm seu nome citado: Maria (ou Míriam), a Judia, e Cleópatra, a Alquimista. A maior parte dos textos do próprio Zósimo se perdeu, mas os fragmentos que restam mostram instruções a uma aluna. Pode ter sido um artifício literário ou ele pode mesmo ter tido essa aluna; seja como for, é interessante que seja uma aluna. Evidentemente, as mulheres tiveram papel importante no início da química ou, pelo menos, na cultura que o cercava.

CAPÍTULO 2

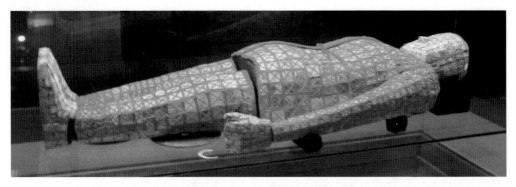

A roupa fúnebre de jade do rei Zhao Mo (morto em 122 a.C.) talvez pretendesse lhe conferir vida eterna, pois o jade, o ouro e o cinábrio eram considerados agentes da imortalidade.

e técnicas práticas, o que mostra quanto equipamento já fora desenvolvido, adaptado de utensílios usados por artesãos e cozinheiros. Só parte de um volume nos restou, mas mesmo a partir disso fica claro que ele tinha equipamento para destilar, filtrar e sublimar (técnicas descritas em outro ponto desse livro), um banho-maria para aquecer suavemente e vários recipientes e fornos.

A alquimia na China

Parece que a alquimia se desenvolveu quase simultaneamente no Ocidente e na China, e sem dúvida é possível que tenha havido comunicação entre as duas comunidades, já que as rotas comerciais funcionavam entre a China e Alexandria nos primeiros séculos depois de Cristo. A menção mais antiga da alquimia na China é um edito de 144 a.C. que proibia a prática e afirmava que quem fizesse ouro falsificado seria executado. Por volta de 180 d.C., um comentarista observou que a alquimia já fora permitida, mas que os alquimistas desperdiçaram esforços e dinheiro fazendo ouro falso e depois tiveram de recorrer ao crime para aliviar a pobreza, sendo essa a razão de proibirem a prática. Mesmo assim, em 133 a.C., apenas onze anos depois do edito, o imperador Wu perdoou um alquimista que prometeu torná-lo imortal. Em 60 a.C., um imperador posterior contratou um alquimista que afirmava transformar metal vil em ouro. Mais tarde, esse imperador condenou o alquimista à morte por ter fracassado (mas acabou suspendendo a pena).

Portanto, as características de vida imortal e transmutação de metais em ouro eram evidentes na alquimia chinesa, mais ou menos na mesma época em que o Ocidente desenvolveu o interesse pela transmutação. Um texto escrito no século III d.C. no taoísta *Tsan Tung Chi*, de Wei Boyang, se refere à "pílula da imortalidade" feita de ouro. O estilo extraordinário e extravagante dificulta extrair do livro alguma instrução útil (ver quadro abaixo), mas caso alguém conseguisse não seria tão simples assim. Um tratado alquímico escrito por Go Hung no final do século III ou início do século IV d.C. insiste que a questão não é apenas fazer as coisas certas; o alquimista precisa aprender com um especialista que tenha recebido segredos só transmitidos por via oral, adorar os deuses certos, ser especialmente abençoado, ter nascido sob as estrelas adequadas, purificar-se com perfumes, jejuar cem dias (!) e realizar o

UMA CIÊNCIA ESPIRITUAL

trabalho numa "grande montanha famosa, pois até uma montanha pequena é inadequada". Esse aspecto das circunstâncias especiais e de ser "favorecido", embora mais destacado na tradição chinesa, sem dúvida não estava ausente da alquimia ocidental. Não é possível identificar exatamente quais eram todos os ingredientes do "Elixir Divino" de Go Hung, o que é uma vergonha, já que conseguiria converter mercúrio ou uma liga de estanho e chumbo em ouro ou, se tomado durante cem dias, conferiria a imortalidade.

Químicos na prática

A alquimia tomou emprestados a habilidade e o equipamento de artesãos especializados na produção de corantes, pigmentos, vidro, cerâmica, remédios e perfumes e na metalurgia e no trabalho com metais. Os alquimistas egípcios adaptaram e aprimoraram técnicas e equipamentos para que se adequassem a seus fins. As peças principais de seu equipamento eram fornalhas (e foles para elevar a temperatura), cadinhos e alambiques. Seus métodos se concentravam principalmente em aquecer substâncias, sozinhas (o que naturalmente significava no ar, ou seja, em presença de oxigênio) ou combinadas. Zósimo estava especialmente interessado em aquecer substâncias na presença de um vapor.

Os processos incluíam a destilação de líquidos e a purificação de metais pela fusão num cadinho perfurado para recolher o líquido que pingasse. Os alquimis-

Esta representação do século XVIII mostra Tao Hongking (451-536 d.C.) moendo pedras para fazer um elixir da imortalidade, de acordo com a receita de Go Hung.

"Acima, cozer e destilar ocorrem no caldeirão; abaixo, ardem as chamas crepitantes. À frente vai o Tigre Branco mostrando o caminho; a segui-lo, vem o Dragão Cinzento. O adejante Pássaro Escarlate voa as cinco cores. Ao encontrar redes de armadilhas, fica indefeso e, imóvel, continua, e grita de dó, como a criança pela mãe. Mesmo assim é posto no caldeirão de fluido ardente, com a perda de suas penas. Antes que metade do tempo se passe, Dragões surgem com rapidez e em grande número. As cinco cores ofuscantes mudam incessantemente. Turbulento ferve o fluido no caldeirão. Um após outro, parecem formar uma série tão irregular quanto os dentes de um cão. Estalagmites, que são como pingentes de gelo no meio do inverno, são cuspidas na horizontal e na vertical. Alturas rochosas sem nenhuma regularidade aparente surgem, apoiando-se. Quando Yin e Yang se combinam corretamente, a tranquilidade predomina."

Wei Boyang, Tsan Tung Chi, século III d.C.

CAPÍTULO 2

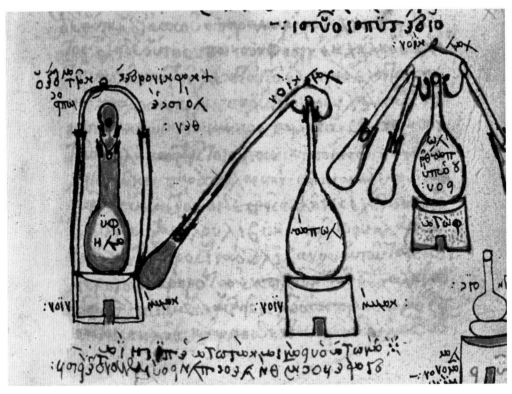

Equipamento para destilação, de uma cópia manuscrita do século XVI do tratado de Zósimo sobre alquimia.

AINDA USANDO ALAMBIQUES

O principal equipamento usado na destilação é o alambique, no qual líquidos são aquecidos. O alambique tem três partes: um recipiente para o líquido original, a "caldeira"; o "capitel" ou "capacete", que forma um chapéu sobre a caldeira: e um ou mais recipientes ligados ao capacete por um tubo, o "pescoço de cisne". O líquido é aquecido na caldeira, e o vapor sobe dela para se condensar dentro do capacete e escorrer por tubos até os recipientes.

De acordo com Zósimo, o alambique foi inventado por Maria, a Judia, mas também já foi atribuído a Cleópatra, a Alquimista. Era usado para destilar álcool e para separar óleos vegetais para fazer perfumes e remédios. O mesmo princípio ainda é usado hoje em destilarias de bebidas alcoólicas.

Um alambique medieval.

UMA CIÊNCIA ESPIRITUAL

tas sublimavam substâncias aquecendo-as e depois resfriando rapidamente o vapor, recolhendo o sólido condensado. A calcinação (formação de óxidos) era efetuada aquecendo uma substância de modo que ela se combinasse com o oxigênio do ar. O mesmo processo tinha sido usado na fundição de metais na época pré-histórica, mas agora entrava no laboratório como um passo separado e deliberado.

Zósimo foi importante por unir a química prática à teoria sobre a natureza da matéria. Os antigos gregos que pensaram sobre a mudança da matéria eram teóricos e filósofos, e os artesãos eram pessoas práticas, com a mão na massa, que não precisavam de um arcabouço teórico para seu trabalho. Fragmentos de outras obras alquímicas do Egito helênico que nos restaram, de época um pouco posterior, parecem marcar o retorno à teoria, com mais misticismo e sigilo e menos química prática, na qual, aparentemente, Zósimo tinha competência.

Matéria básica

Olimpiodoro, que deixou um comentário sobre Zósimo no século VI, é notável por desenvolver a distinção de Zósimo entre vapor e corpo e a busca de Tales por um único tipo fundamental de matéria. Ele propôs uma matéria comum aos metais que seria o substrato do qual todos os metais são feitos; os tipos distintos seriam produzidos por diferentes qualidades dadas à "matéria" básica. A conclusão lógica é que, se as qualidades do metal vil puderem ser retiradas para revelar a "matéria" subjacente, esta poderá ser imbuída das qualidades do ouro ou da prata, efetuando assim a transmutação. Essa se tornaria a base da alquimia praticada pelos árabes e, mais tarde, pelos europeus.

A pedra filosofal

A "pedra filosofal" tornou-se a meta suprema dos alquimistas. Acreditava-se que ela seria uma substância física capaz de efetuar transformações aparentemente milagrosas. Uma pequena porção dela lançada no metal vil o transformaria em prata ou ouro; consumida, restauraria a saúde e prolongaria a vida; na receita certa, poderia dar vida a um homúnculo (pessoa em miniatura — ver a página 64). Mas a pedra filosofal era uma metáfora poderosa, além de um material supostamente real, apesar de fugidio, e era citada em relação à purificação da alma, à suprema transformação espiritual.

O conceito pode ser encontrado em Zósimo. Ele se referia à "água sulfúrica" como agente transmutador e à "pedra que não é pedra". (Ele também usava a expressão "água sulfúrica" para outras coisas; era comum, entre escritores alquímicos, chamar uma coisa por muitos nomes e usar um nome para muitas coisas.)

Mais tarde, o agente transformador foi chamado de elixir. Qualquer que fosse a forma assumida, pedra ou elixir, o agente transformador se tornou a meta arisca de toda a alquimia.

Alquimia árabe

Em 640, Alexandria caiu nas mãos dos invasores árabes e foi anexada aos estados islâmicos. Pouco depois, tradutores se puseram a trabalhar — primeiro em Damasco e, a partir de 762, em Bagdá — para passar textos gregos de todos os tipos para o árabe. Efetivamente, eles transferiram por atacado a cultura intelectual grega para a nova e próspera civilização árabe.

Pouco se sabe do despertar do interesse pela alquimia entre os eruditos e cientistas islâmicos, mas um historiador do século X

CAPÍTULO 2

conta (não necessariamente de forma confiável) que, em algum momento entre 754 e 775, um embaixador de al-Mansur visitou o imperador bizantino, que demonstrou um feito alquímico espetacular. Ele jogou um pó branco numa cuba de chumbo derretido, que prontamente se transformou em prata, e um pó vermelho numa cuba de cobre derretido, transformando-o em ouro. Ao saber disso, dizem que al-Mansur ordenou a tradução dos tratados alquímicos gregos. Sem dúvida, a tradução de obras científicas e médicas se acelerou e prosperou sob al-Mansur, e, na tradição posterior, era comum dizerem que a pedra filosofal existia em duas formas, branca e vermelha, com capacidade diferente de transformação.

Um caminho adiante

O primeiro grande alquimista árabe foi Jabir ibn Haiane, conhecido no Ocidente como Geber. Ele chegou a ser chamado de "pai da alquimia" porque deixou sua primeira descrição sistemática e abrangente e chamou de volta a atenção para a química prática, em vez das ponderações espirituais esotéricas. Ou assim diz a tradição. Na verdade, não se sabe se ele existiu ou se sua identidade é um composto de várias pessoas. Supõe-se que tenha vivido no século VIII, mas os estudos mostraram que "suas" obras têm influências datadas de cerca de um século depois, como a ascensão da filosofia xiita. As dúvidas de sua existência datam do século X. Cerca de três mil obras lhe foram atribuídas (embora quase todas fossem curtíssimas), e é mais provável que "Jabir" fosse um nome citado como autor das obras para lhes conferir a marca da autoridade, não importando quem as tinha escrito. Por conveniência, vamos tratá-lo como autor dos textos a ele atribuídos.

Na Casa da Sabedoria, em Bagdá, do século IX ao XIII, a cultura dos gregos foi traduzida para o árabe e somada ao trabalho original de estudiosos islâmicos. A alquimia era uma das muitas matérias ali tratadas.

UMA CIÊNCIA ESPIRITUAL

> ### ORIGEM MAIS MÍSTICA
>
> A alquimia árabe também tem sua lenda de origem, embora não seja tão exótica quanto a história da Tábua de Esmeralda tirada das mãos sem vida de Hermes por Alexandre Magno. Ela fala de Khalid, um jovem príncipe omíada que perdeu o califado para um parente que se ofereceu para governá-lo como regente até que ele chegasse à maturidade, mas que se casou com a mãe do príncipe e tornou herdeiros seus próprios filhos. A mãe de Khalid matou o novo marido.
>
> Claramente, aquele não era um ambiente muito seguro ou agradável para o rapaz, e é compreensível que ele abandonasse sua pátria e fugisse para o Egito para começar vida nova estudando o legado intelectual grego. Lá, ele conheceu um alquimista cristão chamado Marianos que, na esperança de converter o príncipe muçulmano, revelou-lhe os segredos da alquimia, inclusive o modo de fazer a pedra filosofal. Khalid então escreveu seus próprios textos alquímicos. É uma bela história, mas as obras atribuídas a Khalid foram escritas mais de cem anos depois da época em que ele viveu.

parece lógica para as transmutações alquímicas serem possíveis, arranjou uma desculpa para o fracasso (impurezas) e pôs em movimento cerca de mil anos de tentativas infrutíferas de concretizá-las.

A teoria afirmava que os metais formados naturalmente dentro da terra podiam mudar de um a outro com o tempo, em consequência de processos naturais. Durante centenas ou milhares de anos, o calor e a lavagem da água que se infiltrava no chão poderia refinar os metais vis, transformando-os em ouro e prata. Isso não parecia insensato, pois os minérios costumam conter uma mistura de metais — talvez um estivesse lentamente se transformando no outro. Assim, o alqui-

Jabir afirma uma ideia central da alquimia posterior: todos os metais são uma mistura de mercúrio e enxofre em proporções diferentes. As proporções perfeitas produzem ouro (é claro). Mas, para produzir ouro, o enxofre e o mercúrio precisam ter pureza impecável. Quaisquer imperfeições resultarão em metais diferentes. Se, numa quantidade de qualquer outro metal, os ingredientes puderem ser purificados e as proporções, corretamente ajustadas, ele, naturalmente, virará ouro. Portanto, Jabir estabeleceu uma razão que

Elementos essenciais da teoria alquímica: mercúrio (no alto) e enxofre. O mercúrio é o único metal líquido em temperatura ambiente, característica que o marca como especial.

37

CAPÍTULO 2

> "O primeiro fator essencial da química é que deves realizar trabalho prático e fazer experiências, pois quem não realiza trabalho prático nem faz experiências nunca atingirá o mínimo grau de mestria."
>
> Jabir

> "É preciso saber que os corpos minerais são vapores espessados e coagulados de acordo com o funcionamento da natureza no decorrer de muito tempo. O que neles primeiro se coagula é o azougue [mercúrio] e o enxofre. E esses dois são a origem do mineral [...]Uma preparação temperada permaneceu com eles, com calor e umidade, até se coagularem, e deles se geram os corpos [minerais]. Então, eles mudam gradualmente até, em mil anos, tornarem-se prata e ouro."
>
> Pseudo-Rāzi, De aluminibus et salibus ["Dos alumes e sais"], traduzido para o inglês por John Norris, 2006

mista tentava apenas reproduzir e acelerar um processo que podia acontecer naturalmente.

Quatro naturezas

Mas não é tão simples quanto parece. Baseado nas ideias de Aristóteles sobre a matéria, Jabir acreditava que havia quatro naturezas elementares: calor, frio, secura e umidade. Com a destilação repetida, ele achava possível produzir matéria que, em vez de ter duas qualidades, tivesse apenas uma. Assim, se alguém pegasse água e lhe retirasse toda a "umidade", acabaria com um sólido branco cristalino ou pulverulento que seria matéria com o "frio" como única qualidade. É claro que quem isolasse cada qualidade poderia adicioná-la da maneira necessária para ajustar as qualidades de qualquer outra matéria. Simplificando bastante, o enxofre fornecia as partes quentes e secas da natureza de um metal, e o mercúrio, as partes frias e úmidas.

Obviamente, para ajustar as qualidades de uma amostra para transformá-la em ouro, era preciso saber quanto adicionar de cada um, e isso significava conhecer a composição tanto do material de partida quanto a necessária. Aqui Jabir se afastou do caminho prático e empírico. Ele empregou um complexo esquema numerológico que funcionava com a escrita árabe do nome do metal para revelar as proporções das quatro naturezas nele encontradas. Ele foi além e subdividiu as quatro naturezas em sete intensidades, encontrando 28 categorias no total. Tudo isso envolvia bastante manipulação matemática, e não precisamos entrar em detalhes. O resultado foi que, para transmutar um metal, era necessário calcular as razões das naturezas que seria necessário adicionar e, a partir da massa de metal a ser transformada, calcular quanto seria preciso da substância transformadora especial chamada elixir. Na época de Jabir, reconheciam-se sete metais: ouro, prata, chumbo, cobre, ferro, estanho, mercúrio — que nem sempre era classificado como metal — e algo chamado *khar sini*, usado para levar o número a sete quando o mercúrio não era incluído. Parece que era uma liga de cobre, zinco e níquel, hoje chamada de alpaca. Deles, dois eram nobres (ouro e prata) e os outros cinco eram vis; portanto, potencialmente havia dez tipos de transformação que se poderia conseguir com os elixires apropriados.

Segue-se que havia elixires específicos para efetuar todos os tipos possíveis de transmutação, já que cada um dos metais

UMA CIÊNCIA ESPIRITUAL

vis tinha proporção diferente de cada natureza. Além disso, havia o grande elixir ou elixir-mor, capaz de efetuar qualquer tipo de transmutação. Esse elixir superlativo também era chamado de pedra filosofal. Só os mais dedicados e esforçados alquimistas se disporiam a tanto esforço com a habilidade suficiente para produzir o melhor elixir.

De volta aos fundamentos

Muhammad ibn Zakariya al-Rāzi, conhecido no Ocidente como Rasis (854-925), é conhecido principalmente como médico que escreveu alguns tratados importantes de medicina, mas também era um alquimista ativo e prático. Parece que estava muito mais interessado na experimentação e na química prática do que nos aspectos místicos da alquimia.

Al-Rāzi tinha um laboratório bem equipado e listou o equipamento que o alquimista deveria possuir, dividindo-o nos itens usados para dissolver ou fundir metais e os usados na transmutação. O primeiro grupo incluía ferramentas para acender o fogo e manusear objetos quentes, como foles, cadinhos e pinças, e itens para picar o material a ser derretido ou dissolvido, como almofarizes, varas de mexer e tesouras. O segundo grupo incluía o equipamento necessário para destilar, como fornalhas e fornos, retortas, alambiques, banho-maria, vários itens de vidro, peneiras e filtros.

Ele classificava as substâncias químicas em seis grupos:
- Quatro espíritos: mercúrio, sal amoníaco (cloreto de amônio), enxofre e sulfeto de arsênio.
- Sete "corpos" ou metais: prata, ouro, cobre, ferro, "chumbo negro" (grafite), khar sini e estanho.
- Treze pedras: marcassita (sulfeto de ferro), magnésia ou periclásio (óxido de magnésio), malaquita (carbonato básico de cobre), óxido de zinco, talco, lápis-lazúli, gesso, azurita, hematita (óxido de ferro), óxido de arsênio, mica, asbesto e vidro.
- Sete vitríolos (sulfatos): o ácido sulfúrico podia ser obtido a partir do vitríolo e usado em transmutações como solvente de metais.
- Sete boratos, como o natro.
- Onze sais, como o sal de cozinha (cloreto de sódio), cinzas, nafta, cal (óxido de cálcio) e urina.

Seus livros descrevem os procedimentos para realizar várias reações, todos rigorosamente documentados, sem a linguagem alegórica e floreada característica de muitos textos alquímicos.

Al-Rāzi aceitava a teoria de que todos os metais são feitos de mercúrio e enxofre, mas defendia que alguns metais também contêm algum tipo de sal. Ele rejeitava o complexo método numerológico de Jabir para o equilíbrio e produzir ouro, mas não era contrário à transmutação. Na verdade, ele ampliou o escopo da alquimia para incluir também a transmutação de pedras comuns, cristal de rocha e vidro em pedras preciosas.

A transmutação explicada...

Al-Rāzi fez uma descrição abrangente e compreensível da série complexa de processos envolvidos na transmutação de metais vis em ouro. Os que descreveu são destilação, calcinação (formação de óxidos), solução, evaporação, cristalização, sublimação, filtração, amalgamação e ceração (amolecer uma substância dura até virar uma pasta moldável, geralmente pelo aquecimento e pela mistura com líquidos).

CAPÍTULO 2

> **DIVERSIFICAÇÃO**
>
> Antes de Jabir, em geral os alquimistas se restringiam a trabalhar com metais e minerais, mas Jabir listou ingredientes orgânicos úteis para o alquimista, como sangue, cabelo, ossos, medula óssea e urina de leões, raposas, bovinos, burros, gazelas e víboras, e material vegetal de peras, azeitonas, cebolas, gengibre, acônito, pimenta, mostarda, jasmim, dama-entre-verdes e anêmonas. Do ponto de vista alquímico, isso parecia bastante sensato, pois é muito mais fácil decompor matéria orgânica do que alguns metais e minerais com os quais o alquimista talvez preferisse trabalhar na tentativa de extrair naturezas puras e isoladas para usar num elixir.

Al-Rāzi, visto em seu papel de médico, examina uma amostra (bastante grande) da urina de um paciente.

Para efetuar a transmutação, os passos eram:
- purificar as substâncias a serem usadas por meio da destilação ou outros métodos apropriados
- usar a ceração para dar às substâncias uma consistência macia que, quando largada numa placa quente, se derrete facilmente sem produzir vapores
- dissolver a pasta resultante em "aqua valens" ou "água eficaz" (geralmente, álcalis ou líquidos contendo amônia)
- misturar as soluções
- coagular ou solidificar a mistura, talvez por evaporação.

As substâncias eram escolhidas de acordo com as proporções necessárias das diferentes propriedades. O produto final solidificado seria um elixir. O processo é ainda mais difícil do que parece, pois alguns estágios seriam repetidos muitas vezes — até centenas de vezes — para obter o produto mais puro possível.

> **AL-IKSIR**
>
> A palavra "elixir" vem do árabe al-iksir, formada a partir do grego xerion, um pó medicinal usado para curar feridas. A terminação ion é gramatical e pode ser removida; al é o artigo definido árabe. O nome reflete o vínculo com a medicina, também baseada nas qualidades de quente/frio e úmido/seco, expressas nos quatro humores que precisam se equilibrar corretamente para o corpo ter saúde. O uso de al-iksir sugere que a matéria é curada e levada a um estado de equilíbrio perfeito pela ação corretiva da substância. Sem dúvida, as metáforas médicas eram comuns nos textos alquímicos.

UMA CIÊNCIA ESPIRITUAL

Se (quando) não desse certo, o (a) alquimista exploraria o produto obtido para descobrir suas propriedades. Isso foi uma dádiva para a história da química, pois os alquimistas se puseram a buscar versões puras de todos os tipos de compostos desconhecidos e depois os testaram para ver o que faziam. Descobriu-se que alguns compostos tinham valor terapêutico — embora provavelmente tenha havido alguns resultados infelizes pelo caminho, com substâncias aleatórias sendo testadas em pacientes indefesos.

Resultados úteis

Parte do legado de Jabir foi o registro e a investigação meticulosos de reações químicas e seus produtos. Isso logo levou a algumas descobertas importantes. Por exemplo, no século X Abu Mansur distinguiu claramente o carbonato de potássio do carbonato de sódio; descobriu o gesso calcinado e sua aplicação na imobilização de ossos quebrados; descreveu o óxido de arsênio e o ácido silícico; descobriu que o antimônio tem um brilho metálico quando cortado que some rapidamente ao se oxidar e que o cobre aquecido no ar forma óxido de cobre, que pode ser usado como tintura preta para o cabelo. Alguns produtos da experimentação alquímica, geralmente inorgânicos, foram precursores da iatroquímica (tratamentos medicinais originados na alquimia) praticada e popularizada por Paracelso no século XVI (ver a página 60) e, em última análise, de nossas quimioterapias.

Transmutação negada

Abu Ali ibn Sina (Avicena no Ocidente) foi um dos mais brilhantes médicos e cientistas árabes do século XI. Ele também era um dissidente da alquimia. Em princípio, Ibn Sina concordava com Jabir quanto à composição dos metais, mas negava que os alquimistas pudessem conseguir a transmutação. Aceitava que talvez produzissem substâncias parecidas com ouro e prata reais, mas sempre seriam imitações. Isso, explicou, era porque "a arte é mais fraca do que a natureza" e porque a conversão entre formas era impossível:

Equipamento árabe de destilação dos séculos X a XII.

CAPÍTULO 2

"Considero [a transmutação] impossível, já que não há como cindir uma combinação metálica em outra. Aquelas propriedades percebidas pelos sentidos provavelmente não são as diferenças que distinguem uma espécie metálica da outra, mas sim acidentes ou consequências, sendo desconhecidas as diferenças essenciais específicas."

Esse alerta espantosamente arguto acabaria se mostrando correto: as diferenças fundamentais entre os metais realmente não são discerníveis pelos sentidos, sendo uma questão de configuração atômica, e as diferenças manifestas são consequências dessas diferenças fundamentais.

O bom senso de Ibn Sina não predominou; outros defenderam a alquimia contra seu ataque e a busca de elixires continuou com força total. Mas o foco da atividade alquímica estava prestes a mudar. Boa parte do trabalho árabe subsequente envolveu o retorno a textos mais antigos. Mas também houve algumas exceções notáveis, principalmente a obra de Maslama al-Majriti. Seu livro *O passo do sábio* contém um procedimento detalhado para purificar o ouro e instruções para preparar óxido mercúrico que dão mais atenção às quantidades de produtos e reagentes do que era comum antes do século XVIII. Mas isso não era típico. A tendência geral nas terras árabes era de estagnação, enquanto a ação passava para um novo palco: a Europa.

A alquimia chega à Europa

A aurora da alquimia na Europa pode ser datada com exatidão: sexta-feira, 11

Um sábio árabe (à esquerda) consulta uma tábua alquímica.

UMA CIÊNCIA ESPIRITUAL

de fevereiro de 1144. Nesse dia, o inglês Robert de Chester (Robertus Castrensis em latim) terminou sua tradução do árabe para o latim do Livro da composição da alquimia. Com outros estudiosos europeus, ele fora bem recebido no sul da Espanha, território ainda principalmente árabe, para estudar e traduzir as grandes obras da erudição árabe e do legado grego. Foi por meio da Espanha, principalmente de Córdoba e Sevilha, que a herança intelectual da Grécia clássica, do Egito greco-romano, da Síria e de todas as nações árabes entrou na Europa e se tornou a base do saber europeu.

O *Livro da composição da alquimia* é um texto supostamente escrito por Marianos para Khalid ibn Yazid explicando os segredos da alquimia. Em essência, ele pôs a alquimia europeia na mesma base da alquimia árabe. Esse não foi o único texto traduzido. Nos anos seguintes, uma série de tradutores talentosos trabalhou para passar para o latim — às vezes por meio do espanhol castelhano — as obras dos árabes, alquímicas ou não, com textos de Jabir, al-Rāzi e Ibn Sina. Não demorou para os cientistas europeus acrescentarem ao *corpus* investigações próprias.

Falso árabe

Assim como os escritores árabes às vezes se apropriavam da identidade de seus antecessores gregos para dar autoridade a suas obras, alguns dos primeiros escritores alquímicos europeus se apropriaram da identidade árabe. Um dos textos mais influentes e usados da Idade Média foi a

Ibn Sina empregou o conhecimento químico a serviço da farmacologia. Paracelso faria o mesmo na Europa quinhentos anos depois.

CAPÍTULO 2

Summa perfectionis (O ápice da perfeição), de um autor que declarava o nome Geber (forma latinizada de Jabir). Às vezes, ele é chamado de Pseudo-Geber e pode ter sido o frade italiano Paulo de Taranto. Sua obra apresenta forte influência árabe, mas com orientação mais prática, sendo claramente baseada na experiência em laboratório. Como o Jabir original, Geber descreve três graus de elixires, mas difere do antecessor por permitir apenas fontes minerais em seu preparo. Ele dá informações para purificar substâncias e também testar a pureza dos produtos alquímicos — análises de ouro e prata (ver a página 171).

Sobre a natureza da matéria, Geber combina a teoria do mercúrio e do enxofre compondo os metais com a ideia,

Em 1065, a Espanha se dividia entre os reinos espanhóis e os territórios muçulmanos.

A cidade de Córdoba, na Espanha moura, era um dos grandes centros intelectuais pelos quais os conhecimentos árabes passaram para a Europa medieval.

UMA CIÊNCIA ESPIRITUAL

> ### UM TRISTE FIM
>
> O grande centro intelectual de Bagdá e da Idade do Ouro islâmica teve um fim terrível em 1258. Os invasores mongóis comandados por Hulagu (neto de Gêngis Khan) destruíram as bibliotecas, as mesquitas, as escolas e os hospitais da cidade, jogaram os livros no rio Tigre e assassinaram os estudiosos. Dizem que o rio correu negro de tinta e rubro de sangue durante dias.

> ### PEGUE UM BASILISCO...
>
> Uma antiga receita alquímica europeia sobrevive num livro de receitas químicas bastante prático e objetivo produzido por Teófilo por volta de 1125. Ele explica que o ouro espanhol podia ser feito com uma mistura de cobre vermelho, pó de basilisco, vinagre e sangue humano. Seria difícil refutar a validade dessa receita de Teófilo.
>
> Arranjar pó de basilisco não é fácil. É preciso começar superalimentando frangos até eles acasalarem e produzirem um ovo e, em seguida, convencer um sapo a chocar o ovo até ele eclodir. Finalmente, crie o basilisco debaixo da terra numa chaleira e queime-o para produzir o pó.

O basilisco é descrito como uma serpente com crista ou um frango com cauda de serpente.

tirada de Aristóteles, de que as substâncias sólidas têm partes e poros. No ouro, as partes estão muito juntas, tornando-o denso e incapaz de desintegração. Nos metais vis, as partes são menos densas, e os poros deixam o metal mais macio ou mais capaz de ser decomposto pelo calor — as partículas do fogo conseguem penetrar entre as partes do metal e separá-las. Embora não fosse atomista, Aristóteles acreditava que havia um limite mínimo para o tamanho de um pedaço de matéria que ainda mantivesse as propriedades da substância. Assim, além de certo ponto, cortar um pedaço de ouro ao meio geraria algo pequeno demais para ter as propriedades do ouro. (Podemos concordar, de certa forma: não se pode dizer que uma molécula de água, embora ainda seja água, seja úmida, embora tenha as propriedades e o potencial de criar umidade quando em grande quantidade.)

A *Summa* dá instruções claras de preparo de ácidos e procedimentos laboratoriais, explica a composição de mercúrio e enxofre nos metais e os princípios da transmutação e defende a alquimia de críticas. Sem dúvida, a clareza contribuiu para seu sucesso; dos textos alquímicos medievais, esse foi um dos mais lidos e influentes.

Alberto Magno: cientista ou feiticeiro?

Com o clérigo, cientista e acadêmico alemão Alberto Magno, entramos no terreno mais associado à alquimia na imaginação popular. Muita coisa foi creditada a ele, e construíram-se à sua volta lendas que incluem atos de magia (ver o quadro ao lado).

Alberto era um químico que punha a mão na massa. Talvez em consequência disso, alguns contemporâneos seus afirmaram que estava em comunicação com o diabo e praticava magia. A lenda diz que ele conseguiu criar uma pedra filosofal e a entregou a Tomás de Aquino (1225-1274), mas que este a destruiu por desconfiar que fosse obra do demônio. Credita-se a Alberto a identificação do arsênio por volta de 1250 — o único elemento descoberto entre a antiguidade e o início da revolução química do século XVII. Embora fosse usado desde a Idade do Bronze, não se tem notícia de que o arsênio já tivesse sido isolado.

Alberto aceitava a opinião predominante de que vapores úmidos e secos trabalhavam na terra para produzir metais e minérios e que o enxofre e o mercúrio eram os ingredientes essenciais de todos os metais. A partir da tese de Ibn Sina de que a matéria produzida pela química nunca é exatamente a mesma produzida naturalmente, ele defendeu que o ouro alquímico é igual ao ouro natural em todos os aspectos, menos dois (relacionados entre si): uma ferida feita com uma arma forjada de ouro real não se infeccionará, mas se a arma for feita de ouro alquímico, sim; e o ouro alquímico não tem as qualidades medicinais do ouro natural. Ele afirmou que o ferro alquímico difere do ferro natural porque não reage ao ímã. Alberto também afirmou que, quando testou o ouro alquímico, ele sobreviveu a seis ou sete ciclos de fogo, mas aí se desfez ou foi consumido.

A alquimia e a Igreja cristã

Alberto Magno, seu aluno Tomás de Aquino e o erudito inglês Roger Bacon (c.1219-c.1292) foram providenciais para levar a obra de Aristóteles à Idade Média cristã. Eles a ajustaram às exigências do cristianismo para que pudesse ser estudada de for-

O mercúrio era considerado a "água do Sol e da Lua", mostrado neste manuscrito do século XV como duas árvores entrelaçadas que, no meio, produzem o princípio do mercúrio.

UMA CIÊNCIA ESPIRITUAL

ma respeitável e estabeleceram um padrão de deferência à autoridade de Aristóteles que, em última análise, frustrou o progresso científico. Isso incluiu levar a alquimia ao aprisco cristão.

Alberto e Bacon propiciaram focos para consolidar a aprendizagem, mais do que novos conhecimentos científicos. Foi um papel importantíssimo, cumprido por vários enciclopedistas desde o início da Idade Média. Bacon tratou da alquimia prática e explicou como fazer, por meios químicos, coisas como ouro, remédios e pólvora (embora nas proporções que ele deu a pólvora não seria boa). Ele enfatizou que os aspectos práticos podiam trazer indícios do que havia por trás do comportamento da matéria, embora achasse que não era inteiramente acessível e, com certeza, não para os antigos (pagãos). Nessa linha, ele promoveu o princípio de Aristóteles de

Alberto Magno dando aula aos alunos.

fazer muitas observações detalhadas antes de tentar deduzir provas científicas, não só no terreno da alquimia como no de toda a ciência. Isso fez dele um proponente precoce de algo como o método científico (ver a página 71).

Conta-se que, juntos, Bacon e Alberto criaram uma cabeça de bronze capaz de responder perguntas. Não é preciso dizer que não há nenhuma prova de que tenham realmente realizado façanha tão espantosa. Há muita lenda e pouca confirmação da prática alquímica de ambos os personagens. Na realidade, eles resumiram e es-

ALBERTO MAGNO (C.1193-1280)

Nascido na Baviera em algum momento entre 1193 e 1206, Alberto Magno (Albert de Groot) era filho do conde de Bollstadt. Quando menino, parecia bastante burro, mas mostrou interesse pela religião. Conta-se que, certa noite, a Abençoada Virgem Maria lhe apareceu numa visão e, depois disso, seu intelecto ficou bem mais afiado. Ele se tornou um grande erudito que, especificamente, traduziu e comentou as obras de Aristóteles. Era muito respeitado pelo poder de seu pensamento lógico e sistemático e escreveu tratados sobre alquimia e outros tópicos. Nomeado bispo de Ratisbona em 1260, ele renunciou ao cargo três anos depois para se concentrar em suas investigações científicas.

CAPÍTULO 2

> "A ciência natural não consiste em ratificar o que outros disseram, mas em buscar as causas dos fenômenos."
>
> Alberto Magno, século XIII

clareceram algumas ideias alquímicas, mas fizeram pouco ou nenhum progresso novo na química prática. Provavelmente não escreveram algumas das obras que lhes são atribuídas. Bacon acreditava piamente nas possibilidades da alquimia; entre os textos que respeitava estava o *Liber secretus* (Livro secreto), supostamente escrito por Artéfio, erudito árabe que trabalhou por volta de 1150. No livro, Artéfio afirma ter nascido no século I ou II, e viveu mais de mil anos porque fez a pedra filosofal e a usava para prolongar a vida.

Além dos metais

A alquimia que chegou à Europa preocupava-se principalmente com a transmutação dos metais, mas o tema em si sofreria transformações nos séculos posteriores. Seu escopo se ampliou para incluir a saúde física e até a espiritual, e a prática se tornou explicitamente cristianizada. Mesmo assim, nunca seria algo com que a Igreja se sentisse totalmente à vontade.

A alquimia e a alma

Os alquimistas dos séculos XIII e XIV ajudaram a forjar mais vínculos entre a teologia cristã e a alquimia. Por volta de 1300, já existia uma versão cristianizada da harmonia alquímica entre microcosmo e macrocosmo. Acreditava-se que, assim como métodos adequados de purificação podiam ser usados para aperfeiçoar os metais vis e transformá-los em ouro, princípios semelhantes se aplicavam ao aperfeiçoamento da alma (e do corpo) humanos.

Isso era fácil de encaixar numa visão de mundo em que toda a Criação estava carregada de mensagens para a humanidade e era totalmente voltada para a salvação de almas humanas. No macrocosmo — o universo em geral —, considerava-se que tudo refletia o estado do microcosmo e transmita lições a quem se dispusesse e fosse capaz de achá-las.

Quando se apresentam os passos da prática alquímica de forma alegórica, cria-se muita oportunidade de confusão. O *Tratado metafórico* atribuído a Arnauld de Villanova (*c*.1240-1311) compara os estágios da preparação da pedra filosofal a partir do mercúrio aos estágios da vida de Cristo. Sua descrição do processo é inteiramente ofuscada pela alegoria. Mas nem sempre precisava ser assim. Jean de Roquetaillade (*c*.1310-*c*.1366), que escreveu um pouco mais tarde, descreveu passos claros e sequenciais dos processos e ingredientes químicos, mas ainda os revestiu de metáforas. A apresentação servia para esconder as informações, que ainda estavam ali e podiam ser descobertas pelos iniciados. Claro ou obscuro, esse tipo de alegoria forjou um vínculo com

> "Dizer que há alma em pedras só para explicar sua produção é insatisfatório; pois sua produção não é como a reprodução das plantas vivas nem a dos animais que têm sentidos. Afinal, todos esses vemos reproduzir a própria espécie a partir de suas sementes; e uma pedra não faz nada disso. Nunca vemos pedras se reproduzindo a partir de pedras [...] porque parece que a pedra não tem nenhum poder reprodutivo."
>
> Alberto Magno, século XIII

UMA CIÊNCIA ESPIRITUAL

> **O SEGREDO DOS SEGREDOS**
>
> O nome de Bacon costuma ser ligado a um texto conhecido como Secretum ou Secreta Secretorum (O segredo dos segredos). O texto afirma ser uma carta escrita por Aristóteles a Alexandre Magno (seu aluno), mas, provavelmente, foi escrito em árabe no século X e traduzido para o latim no século XII. Trata de vários tópicos, como alquimia e outras ciências. Bacon produziu sua edição anotada do Secretum e o citava frequentemente. Foi um dos livros mais lidos dos séculos XII e XIII.

a teologia cristã que continuaria nos séculos subsequentes, elevando a alquimia e talvez ajudando a protegê-la de perseguições.

A alquimia e o corpo

Roquetaillade também desenvolveu os vínculos da alquimia com a medicina e o prolongamento da vida. Eles tinham aplicações práticas: ele aprendeu a destilar álcool e produzir aqua vitæ (etanol dissolvido em água), que usou para extrair ingredientes ativos de ervas e plantas medicinais. Na maioria dos casos, descobriu que era mais eficaz do que a água.

Seria um pequeno passo ir do uso medicinal da *aqua vitæ* a incorporá-la a receitas da pedra filosofal. Esse passo logo foi dado num livro chamado *Testamentum*, que surgiu em 1322. Versava sobre a

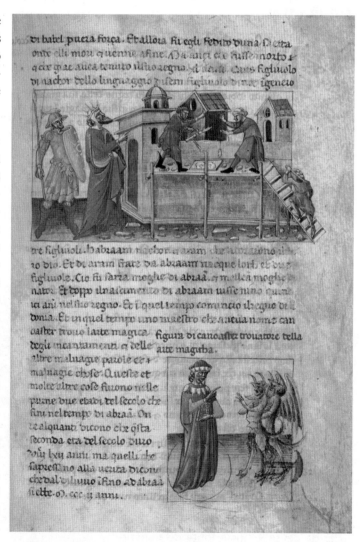

Página de um manuscrito do Secreta Secretorum, do início do século XV; a imagem superior mostra a construção da Torre de Babel, a inferior, Zaratustra com dois demônios.

49

CAPÍTULO 2

transmutação dos metais, a formação de pedras preciosas e a preservação da saúde e atribuía esses três poderes à pedra filosofal, a curadora universal. A aplicação da alquimia a questões de saúde seria meticulosamente investigada duzentos anos depois pelo médico suíço dissidente Paracelso (ver a página 60).

Falsa alquimia e falsos alquimistas

Não é preciso dizer que as tentativas de fazer ouro a partir do chumbo e de descobrir um elixir de saúde e juventude foram malsucedidas. Mas seria possível apurar um bom lucro fingindo ter sucesso. Na Idade Média europeia, charlatães que afirmaram ser capazes de atingir as metas dos alquimistas deram má fama aos alquimistas legítimos. Alguns países aprovaram leis que proibiam a transmutação ou, pelo menos, ganhar dinheiro com promessas de transmutação. Escritores literários do período, como Dante Alighieri, na Itália, e Geoffrey Chaucer, na Inglaterra, criticaram ou ridicularizaram estelionatários disfarçados de alquimistas. Mesmo assim, isso não significava que ninguém mais acreditasse que a transmutação fosse possível ou que a pedra filosofal pudesse existir; esse era apenas um ramo aberto à exploração. Embora Henrique IV da Inglaterra legislasse contra falsos alquimistas que multiplicassem metais, ainda era possível comprar uma licença para praticar a alquimia e tentar transmutar substâncias em ouro.

O dilema alquímico

Para a elite europeia menos cética, a alquimia era um dilema. Se pudesse ser aproveitada pelas pessoas certas, a promessa de transmutação de metais vis em ouro oferecia, aparentemente, um caminho

---

MICROCOSMO E MACROCOSMO

A alquimia propunha a harmonia entre o macrocosmo e o microcosmo, e na Tábua de Esmeralda mencionam-se paralelos entre o que está "acima" e "abaixo". Isso se estendeu para correspondências astronômicas/astrológicas. Os metais já eram associados a corpos celestes, com o ouro ligado ao Sol, a prata à Lua e os metais vis, um a cada planeta. A associação da Lua com a prata e do Sol com o ouro é bastante óbvia. Provavelmente Marte foi associado ao ferro porque o ferro era muito usado em armas e armaduras (e Marte era o deus da guerra); Vênus foi associado ao cobre porque ambos estavam ligados à ilha de Chipre (lar da deusa Vênus e fonte de minério de cobre).

O ser humano representa o microcosmo, em harmonia com o universo macrocósmico.

UMA CIÊNCIA ESPIRITUAL

para grande riqueza. Por outro lado, nas mãos das pessoas erradas também ameaçava com a ruína financeira e a degradação da moeda. É claro que, se um método de fazer ouro a partir de qualquer coisa velha fosse divulgado, o valor do ouro despencaria. O resultado inevitável foi a proibição da alquimia, mas, ao mesmo tempo, alguns governantes apoiaram ou sustentaram alquimistas em segredo na esperança

Químicos preparam aqua vitæ usando equipamento de destilação.

CAPÍTULO 2

No Inferno, *de Dante, os "falsificadores", entre eles os alquimistas, são punidos com uma aflição terrível que os obriga a se coçarem até arrancar a pele do corpo.*

de se beneficiar pessoalmente de qualquer descoberta.

Havia na legislação até um elemento de proteção do consumidor. Mercadores gananciosos poderiam ser facilmente logrados por charlatães que se dissessem alquimistas e lhes solicitassem um suprimento de ouro, prata ou pedras preciosas com promessas de multiplicá-lo — promessas que, previsivelmente, nada representariam. A alquimia se tornou crime punível com a morte em toda a Cristandade. Mesmo assim, diz a lenda que, no início do século XIV, o próprio papa João XXII praticava alquimia e afirmava ter conseguido aumentar a riqueza do Vaticano no processo.

Inevitavelmente, qualquer suspeita de sucesso atrairia uma atenção muitas vezes indesejada. Há muitas histórias de alquimistas agredidos, presos, torturados ou perseguidos porque alguém — em geral, um monarca esperançoso — acreditava que tinham adquirido a pedra filosofal e podiam fazer ouro ou prolongar a vida, mas aí descobriam que o suposto alquimista não era submisso ou competente.

UMA CIÊNCIA ESPIRITUAL

COMO GANHAR A VIDA — OU PERDÊ-LA — COMO ALQUIMISTA CHARLATÃO

Eis quatro maneiras de lucrar como falso alquimista:

- Em vez de uma vara maciça para mexer, use uma vara oca de chumbo cheia de ouro em pó e feche a ponta com cera. Enquanto mexe a mistura que esquenta no cadinho, a cerra vai derreter e o ouro se mesclará com sua mistura.
- Faça um prego, a metade superior de ferro, a parte de baixo de ouro. Cubra o ouro com tinta preta. Verifique se o nível da mistura em seu frasco ou cadinho chega até metade do preto, até a junção. Mexa com o prego uma mistura adequada que dissolva tinta ou mergulhe o prego na mistura; a parte em contato com a mistura parecerá se transformar em ouro quando a tinta se dissolver.
- Faça uma moeda com uma liga branca de prata e ouro (não muita prata). Quando mergulhar a moeda em ácido, a prata se dissolverá e a moeda parecerá se transformar em ouro.
- Aqueça cobre em presença de arsênio e depois deixe esfriar. A superfície adquire um depósito prateado, enganando prontamente o espectador, que acredita que o cobre se transformou em prata. Fuja antes que deem polimento à prata e removam o depósito.

Depois de convencer suas vítimas de que consegue transformar metal vil em ouro ou prata, convença-as a investir em seu projeto; depois, suma com o dinheiro.

UM AMIGO ÚTIL

O alquimista espanhol Ramon Llull (c.1232-1315) recebeu o crédito de vários textos alquímicos que, com certeza, não escreveu (ele era um dos alquimistas do contra). De maneira ainda mais fabulosa, dizem que ele conseguia se transformar num frango vermelho. Também dizem que transformou 22 toneladas de metal vil em ouro para o rei Eduardo III da Inglaterra, para financiar uma guerra contra os turcos. Ele teria restringido o uso do ouro, dizendo que o rei não deveria usá-lo para lutar com outros cristãos — restrição que o rei ignorou, iniciando prontamente um ataque à França. Os detalhes da lenda a refutam na mesma hora, um deles sendo que Eduardo III ainda era bebê quando Llull morreu.

A lenda de Ramon Llull sugere que a batalha de Crécy, travada pelos soldados de Eduardo III contra os franceses em 1346, foi financiada por ouro alquímico indevidamente usado.

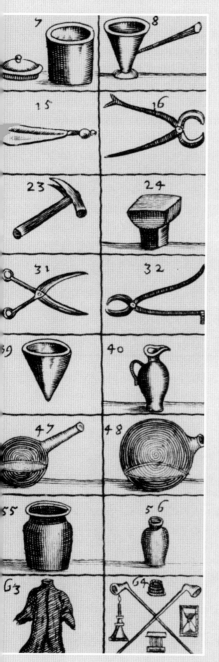

CAPÍTULO 3

O OURO E A IDADE DO OURO

"Muitos disseram da Alquimia que ela serve para fazer ouro e prata. Para mim, não é essa a meta, mas considerar apenas a virtude e o poder que podem existir nos remédios."

Paracelso, 1493-1541

No fim da Idade Média, a alquimia tinha um relacionamento complexo com a Igreja, mas sua posição de ciência não era questionada. Nos séculos seguintes, ela obteria suas mais elevadas realizações e, finalmente, cederia seu lugar no mundo científico ao início da química moderna.

Objetos e instrumentos ilustrados no plano de um "laboratório portátil" do alquimista Johann Becher (1635-1682). No centro desse plano estava uma fornalha portátil construída com vários componentes. De seus objetos, apenas a pata de urso parece estranha aos químicos posteriores.

Renascimento: a alquimia renascida

Em geral, considera-se que o Renascimento, uma época de revigoração intelectual, começou na Itália, no século XIV, e se espalhou até o norte da Europa no século seguinte. Teve seu ápice nos séculos XV e XVI e foi marcado pelo ressurgimento do interesse pelo saber, acompanhado da confiança crescente nas capacidades e nos poderes humanos. Essa confiança crescente foi reforçada por realizações que variaram de avanços práticos à descoberta europeia do Novo Mundo.

A invenção dos tipos móveis na década de 1440 ou início da de 1450 levou à explosão da leitura e à disseminação do material escrito, tornando a disseminação

A famosa pintura de Michelangelo sobre a criação de Adão por Deus transmite o espírito de otimismo e potencial que caracteriza o Renascimento.

NOVA ALQUIMIA VINDA DO PASSADO

No final do século XV, o grande estudioso e filósofo humanista italiano Marsílio Ficino (1433-1499) traduziu para o latim, pela primeira vez, as obras completas de Platão e o Corpus Hermeticum. O Corpus consistia de quatorze textos que incluíam diálogos alquímicos nos quais, aparentemente, Hermes Trismegisto instrui um discípulo. Na época da tradução, acreditava-se que eram bem mais antigos do que realmente eram, talvez anteriores a Platão, vindos do Antigo Egito. Alguns estudiosos recentes sugeriram que partes deles podem realmente se originar de textos muito mais antigos, mas a Hermética, como apresentada, foi composta no Egito greco-romano e data dos séculos II e III d.C.

A proeza de Marsílio Ficino na tradução das obras de Platão teve imenso impacto sobre a cultura europeia do século XV.

O OURO E A IDADE DO OURO

> "Este século, como uma idade do ouro, devolveu à luz as artes liberais, que estavam quase extintas: gramática, poesia, retórica, pintura, escultura, arquitetura, música [...] este século parece ter aperfeiçoado a astrologia."
>
> Marsílio Ficino, 1492

do saber mais fácil e rápida do que nunca. Entre os livros impressos estavam, inevitavelmente, os tratados alquímicos. Logo, uma "idade do ouro" da alquimia estava em andamento.

De volta ao básico

Os princípios básicos da alquimia, no começo de sua idade do ouro, ainda se baseavam nas teorias de Aristóteles e dos eruditos árabes sobre a natureza da matéria e como ela ocorre e muda naturalmente. No século XVI, os conhecimentos recebidos dos antigos foram finalmente questionados na "filosofia natural" (nome que abrangia as ciências não médicas) e em muitas outras áreas. Mas, por tempo considerável, a alquimia ficou imune a esse exame crítico, pelo menos até o final do século XVII. A alquimia, em comum com a geologia, tinha algumas ideias básicas que ainda se mantinham firmes (a criação dos metais dentro da terra no decorrer de séculos ou milênios). Não havia indícios da observação nem da investigação que questionassem sua credibilidade, como havia na anatomia, na biologia e na física. A noção de transformação se baseava na razão, não apenas na vontade de que fosse verdadeira; infelizmente, o raciocínio estava errado.

Anjos e pedras

Embora se baseasse em ideias que, na época, pareciam científicas e sólidas, a busca não deixava de ter seus aspectos supersticiosos. Os dois terrenos — a ciência prática e o sobrenatural — não eram distintos e separados. A influência das estrelas era uma consideração real e séria, de modo que alguns processos ou a coleta de material tinham de se realizar em fases específicas da Lua ou em alinhamentos de planetas. A astrologia tinha a mesma validade científica do uso dos materiais corretos.

Os alquimistas buscavam receitas e orientação especializada não só entre si e em obras impressas como com anjos e espíritos. Rezar por inspiração ou ajuda antes de um empreendimento difícil era bastante comum na época, e nenhum viajante sensato partiria numa viagem arriscada sem antes pedir a proteção de Deus. No século XVII, até o químico Robert Boyle mencionou o contato com espíritos para pedir conselhos sobre a feitura da pedra filosofal, e dizem que John Dee, conhecido como mágico e como cientista, consultou os anjos, com a ajuda do vidente Edward Kelly e suas bolas de cristal que os revelavam.

Mas era um pequeno passo ir da ajuda dos anjos à assistência dos demônios, e o

Talvez fosse difícil resistir à tentação de pedir ajuda a demônios na busca alquímica e acadêmica, como o lendário Fausto descobriu às próprias custas.

CAPÍTULO 3

> **COM DEUS AO LADO**
>
> O estudioso italiano Giambattista della Porta (1535-1615) achava que lições sobre a criação de Deus ajudariam o alquimista em sua prática:
>
> "Tanto o vaso quanto o receptáculo têm de ser considerados de acordo com a natureza das coisas a serem destiladas. Pois, se forem de natureza flatulenta e vaporosa, exigirão vasos grandes e baixos e um receptáculo de maior capacidade. [...] Mas, se as coisas forem quentes e finas, precisarás de vasos com gargalo comprido e pequeno. Coisas com temperamento mediano exigem vasos de tamanho mediano. Tudo isso o artífice industrioso pode facilmente aprender com a imitação da natureza, que deu a criaturas zangadas e furiosas como o leão e o urso corpos grossos e pescoço curto; para mostrar que humores flatulentos sairiam de vasos de grande volume e a parte mais espessa se instala no fundo; mas então o veado, a avestruz, o camelopardo [girafa], criaturas gentis e de espírito fino, têm corpos mais esguios e pescoço comprido; para mostrar que espíritos finos e sutis têm de ser extraídos por uma passagem muito mais comprida e estreita e serem elevados para se purificar."

polímata e cientista Athanasius Kircher (1602-1680) alertava contra a tentação de invocar auxílio demoníaco quando as tentativas legítimas do alquimista se frustravam.

Mãos à obra

Havia disputas sobre os ingredientes iniciais para fazer a pedra filosofal, mas acordo geral sobre o processo em si. No século XVII, a maioria dos alquimistas concordava que materiais orgânicos como sangue ou urina não eram adequados. Metais ou minerais costumavam ser o ponto de partida. Sem dúvida, os alquimistas experimentaram todas as opções, num momento ou outro.

O método básico era relativamente simples, embora trabalhoso, mas os detalhes costumavam ser omitidos nos registros escritos. O material escolhido era posto num frasco de gargalo comprido e "hermeticamente selado": o vidro do gargalo era derretido e fundido para deixar o frasco à prova de ar. Chamado de "ovo" por seu papel na geração da pedra, o frasco era aquecido a temperatura constante durante muito tempo — meses, na verdade. Nos dias dos fornos e fornalhas simples e antes da invenção do termômetro, isso não era tarefa fácil. Também não era segura, pois recipientes de vidro vedados estão sujeitos a explodir quando aquecidos, provocando, na melhor das hipóteses, muita sujeira e, na pior, ferimentos consideráveis, como observou Giambattista della Porta: "quando o calor se elevar até a matéria flatulenta e esta se encontrar apertada nas cavidades estreitas, ela buscará algum outro meio de escapar, e assim fará o vasilhame em pedaços (que voarão com grande força e barulho, não sem pôr em risco o espectador)".

Depois de um longo intervalo, o conteúdo do ovo ficaria preto, indicando o término bem-sucedido do primeiro estágio da transformação. Então, a protopedra exibiria uma miríade de cores, estágio às vezes chamado de cauda de pavão. Depois disso, ficaria branca. Nesse momento, o alquimista romperia o selo e realizaria mais alguns estágios adicionais para criar um elixir para produzir prata. A maioria continuaria a aquecer o ovo até que escurecesse, ficasse amarelo e, finalmente, vermelho profundo — o estágio final. O alquimista exultante então removeria a pedra do frasco selado e a misturaria com ouro e mercúrio filosofal para criar a pedra final, um material vermelho-escuro, denso e quebradiço, capaz de se misturar a outras matérias.

Acreditava-se que esse grau básico da pedra filosofal seria capaz de transmutar cerca de dez vezes seu peso de metal vil. O alquimista teria de derreter o metal vil ou, se usasse mercúrio, derretê-lo até quase ferver e, então, jogar um pedacinho da pedra que pesasse cerca de um décimo do peso do metal e continuar aquecendo. O conteúdo do cadinho então se transformaria em ouro derretido. O alquimista diligente poderia refiná-lo e concentrá-lo aquecendo-o com mercúrio e passar novamente pela sequência de mudança de cor para aumentar seu poder dez vezes.

O processo poderia ser repetido interminavelmente. Supostamente, a pedra mais poderosa foi encontrada por John Dee num túmulo e podia transmutar 272.330 vezes o próprio peso em metal vil. Mesmo que se aceite a implausibilidade da existência da pedra, isso é uma extravagância. Significa que, se usasse apenas um centésimo de grama, o alquimista teria de derreter 2,7 kg de metal vil, o que, em si, seria uma façanha prodigiosa.

Houve várias explicações de como funcionaria a transmutação efetuada pela pedra, todas elas naturais, no sentido de que se baseavam num modelo químico ou físico; não exigiam a ação de magia nem de espíritos. Às vezes, os detratores afir-

Quadro do século XIX mostra John Dee realizando uma experiência para a rainha Elizabeth I.

CAPÍTULO 3

A alquimia era uma atividade quente e incômoda. Esta representação de 1532 de um laboratório alquímico mostra com clareza o equipamento do alquimista, parte dele sem mudanças desde a Idade Média árabe.

> **PRESO NO TEMPO**
>
> Em Praga (hoje na República Tcheca), o laboratório alquímico, usado por alquimistas a serviço de Rodolfo II, foi vedado em 1697, na invasão francesa, e só redescoberto em 2002. Uma inundação derrubou uma parede no prédio mais antigo do bairro judeu e revelou uma escada até o laboratório subterrâneo, ainda com seu equipamento, uma garrafa selada de elixir e algumas receitas. O espaço subterrâneo data do século X. A análise do elixir indica que 77 ervas e temperos diferentes foram incluídos em seu preparo.

mavam que havia magia envolvida, mas os praticantes tinham bastante clareza de estarem aproveitando poderes naturais de transformação, assim como a transformação do suco de uva em vinho ou da massa não levedada em massa de pão pronta para assar. Era um processo difícil de acertar, mas que, na opinião dos alquimistas, não era misterioso nem sobrenatural.

Alquimia e medicina

Enquanto muitos alquimistas se ocupavam procurando um agente transformador bem sucedido, outros se preocupavam mais com a busca de remédios.

O químico médico e a iatroquímica

O médico suíço Theofrastus Bombastus von Hohenheim, mais conhecido como Paracelso (ver o quadro ao lado), levou a alquimia numa nova direção. Ele a expandiu com uma visão do mundo como um todo, na qual tudo acontece por meio de transformações químicas. Ele via Deus como um mestre da química e considerava que toda atividade física, em última análise, tinha natureza química, inclusive a formação de minerais, o crescimento das plantas, os processos de reprodução e digestão e o clima. Até o juízo final seria, segundo ele, um espetáculo químico.

A química e o corpo

Paracelso não tinha interesse na transmutação de metais e chegou a criticar os alquimistas que buscavam consegui-la, mas considerava que a química usada pelos alquimistas era um recurso médico.

Ele inventou o nome "espagiria" para denominar seu processo favorito para refinar e purificar a matéria por meio da separação e da recombinação dos componentes. No processo, usava-se calor para separar os três elementos fundamentais da matéria, que para ele eram mercúrio, enxofre e sal. Em seguida, ele tentava recombiná-los, deixando de fora as impurezas que separara. Paracelso acreditava que, com esse método, até venenos poderiam ser purificados e usados como remédios, já que a toxicidade estaria toda nas impure-

PARACELSO (1493-1541)

Paracelso nasceu na Suíça e aprendeu medicina com o pai; depois, viajou pela Europa, raramente se instalando por muito tempo em algum lugar. Enquanto viajava, ele recolhia tradições e sabedoria de todos os envolvidos nas práticas médicas, como cirurgiões-barbeiros, parteiras, ciganas e videntes — pessoas geralmente desdenhadas pelos médicos tradicionais. Ele construiu um repertório impressionante de remédios químicos, muitos produzidos com minerais e não com as plantas mais convencionais; vários deles eram tóxicos em dose maior.

Ele desdenhava a medicina de seus contemporâneos e desprezava abertamente os ensinamentos de Galeno e Ibn Sina. Nomeado professor de Medicina em Basileia, na Suíça, começou queimando em público os livros dessas autoridades reverenciadas e completou a afronta dando aulas não em latim, mas em seu alemão nativo.

Apesar da natureza extremamente prática de suas experiências químicas, Paracelso também aceitava muito pseudoconhecimento místico e astrológico. A mistura de ciência e misticismo tornou difícil entender sua obra publicada, e a insistência em influências astrais sobre a química afastou ainda mais seus contemporâneos.

Provocante e inovador, Paracelso causou imenso impacto na ciência do século XVI.

Paracelso era um indivíduo difícil, aparentemente arrogante, brigão, abertamente agressivo e rude com os que se opunham às suas ideias. Mas teve imensa influência, e sua noção do corpo como um sistema químico acabaria se tornando o paradigma dominante que persiste até os dias atuais.

---

zas. O princípio de refinar para remover impurezas ele chamou de *Scheidung*. Esse modelo tinha o benefício de alinhar o trabalho do alquimista com o de Deus com as almas, elevando seu valor.

A insistência de Paracelso na eficácia dos remédios químicos produziu uma dissensão na medicina e deu início ao campo da iatroquímica. Os médicos tradicionais, que só recorriam a remédios baseados em material vivo, rejeitaram sua abordagem inorgânica, mas um setor crescente de médicos novos adotou sua opinião. A hostilidade e a competição entre os dois grupos era declarada e, muitas vezes, acentuada. Os tradicionalistas (não surpreende) não aceitavam o uso extenso por Paracelso de toxinas como mercúrio e antimônio, que consideravam perigosas. Só quando o rei Luís XIV da França foi curado de uma doença com o uso de um emético de antimônio a escola médica de Paris aprovou seu uso, e mesmo assim só porque não tinha escolha.

Equilíbrio humoral e químico

Paracelso estava à frente de seu tempo em muitos aspectos. Ele considerava que a saúde dependia de equilíbrio e harmonia no microcosmo humano e no macrocosmo da Natureza. Não era uma harmonia espiritual nem o equilíbrio

CAPÍTULO 3

galenista de humores (que ele considerava absurdo), mas o equilíbrio real de minerais e outras substâncias químicas. Quando alterado, esse equilíbrio poderia ser corrigido com a administração de remédios que contivessem as substâncias químicas que faltavam.

Os galenistas tratavam as doenças de modo genérico, de acordo com diagnósticos de desequilíbrio humoral. O tratamento poderia incluir, por exemplo, banhos bem quentes para aumentar o calor e a umidade do corpo, sangrias para reduzir a quantidade de sangue ou eméticos para remover a bile. Cada tratamento era usado em muitas doenças diferentes. A abordagem de Paracelso era mais nuançada e visava a doenças específicas. Ele defendia o uso na medicina de substâncias venenosas como mercúrio e arsênico e, portanto, era muito fácil a situação dar errado.

Paracelso costumava fazer remédios com plantas e sais minerais, mas seu preparo químico do material vegetal visava a produzir uma forma concentrada que só precisasse ser tomada em pequenas doses. Ele explorava os preparados de ervas defendidos pela medicina popular e dizia: "Não me envergonhei de aprender com vagabundos, açougueiros e barbeiros." Apesar de seu entusiasmo pela observação e pela experimentação empírica, ele se dispunha a acreditar em fadas, gnomos e espíritos.

Paracelso obteve sucessos notáveis, entre eles o uso de mercúrio para tratar a doença relativamente nova da sífilis. Esta é causada pela bactéria espiroqueta *Treponema pallidum*, envenenada pelo mercúrio. Embora não funcionasse do jeito que Paracelso pensava, o tratamento era eficaz — mas perigoso para os pacientes. Outras inovações foram a promoção da limpeza

Um pote de farmácia italiano para guardar mercúrio, usado para tratar a sífilis e, com menos sucesso, a peste bubônica.

das feridas para impedir infecções (uma abordagem radical na época) e sua crença de que a doença tem causas externas em vez de resultar de um desequilíbrio de humores.

Medicina transcendente

A maioria dos médicos modernos estabeleceria o limite da medicina na preservação da vida. Mas às vezes os alquimistas mais ambiciosos tentaram a ressurreição ou a geração da vida a partir da matéria inerte.

O OURO E A IDADE DO OURO

EXPERIMENTO: UM REMÉDIO DE ANTIMÔNIO

Os alquimistas dedicados a formulações médicas costumavam deixar instruções muito precisas. Embora às vezes cifradas à maneira dos alquimistas, eles não excluíam nada quando a meta era produzir um medicamento útil. Lawrence Principe, historiador da química, conseguiu seguir uma receita de O carro triunfante do antimônio, publicado em 1604 por alguém que se intitulava Basílio Valentim (provavelmente um pseudônimo). A receita explica como fazer um remédio de antimônio removendo toda a sua toxicidade. O antimônio é um metaloide que interessava muito a alquimistas e químicos, talvez por conta de sua mistura de propriedades metálicas e não metálicas.

A receita começa com estibinita, um minério de antimônio, e progride produzindo "vidro de antimônio" amarelo e depois um líquido vermelho que ainda é mais processado para gerar o medicinal "enxofre de antimônio". Principe seguiu as instruções de Valentim de moer e assar o minério até ficar cinzento e depois derreter as "cinzas" num cadinho, despejando-o para produzir vidro amarelo. Não deu certo. As cinzas foram produzidas — o antimônio é calcinado e forma um óxido —, mas o estágio seguinte só produziu um torrão cinzento. Depois de numerosas tentativas, Principe seguiu um detalhe mais exato das instruções de Valentim e usou estibinita da Europa oriental (Valentim especificou a Hungria). Dessa vez, deu certo. A análise mostrou que a estibinita da Europa oriental continha pequena quantidade de quartzo. Quando tentou de novo com sua estibinita inicial e acrescentou uma pitada de pó de quartzo, Principe conseguiu produzir o vidro amarelo. A receita de Valentim funcionava, mas dependia de uma impureza.

O passo seguinte foi pulverizar o vidro e extraí-lo com vinagre para produzir uma solução vermelha. Mais uma vez, Principe descobriu que só dava certo se usasse o minério do leste europeu, que produziu um leve tom rosado. A análise revelou traços de ferro no minério original. E nova referência a Valentim mostrou que ele dizia que preparava seu antimônio assado e depois sua solução com ferramentas de ferro. Enquanto a mexia, o ferro se transferia das ferramentas para a mistura, depositando o suficiente para deixar a solução vermelha. Mais uma vez, ao acrescentar ferro Principe obteve o resultado correto.

As instruções então diziam para ferver a solução vermelha até virar um resíduo grudento, a ser dissolvido em álcool. O texto de Valentim assegurava que a toxicidade permaneceria no resíduo e que o remédio seria doce e inofensivo. E era mesmo verdade. Os compostos de antimônio não eram solúveis em álcool e permaneceram na parte descartada. A solução final era de acetato de ferro, que tem sabor doce e não é tóxico. O remédio de "antimônio" de Valentim podia ser preparado seguindo-se suas instruções ao pé da letra — mas não continha antimônio.

A estibinita, mineral que contém antimônio e enxofre (Sb2S3).

Transformar inanimado em vivo

Nos séculos XVI e XVII, a geração espontânea ainda era universalmente aceita; as pessoas acreditavam que vermes, minhocas, moscas e, às vezes, até cobras e crocodilos eram gerados espontaneamente na lama, na comida apodrecida e assim por diante. Devia ser concebível, então, que um alquimista conseguisse reunir a combinação correta de condições e materiais exóticos para produzir vida mais avançada ou trazer de volta a vida ou uma aparência de vida à matéria morta de uma planta ou de um animal que já tivesse vivido. Mesmo assim, a Igreja provavelmente não veria com bons olhos um projeto desses.

Alguns alquimistas tentaram fazer homúnculos (seres humanos vivos em miniatura). Paracelso (ou um de seus seguidores) descreve o processo de feitura do homúnculo em *De natura rerum* (Da natureza das coisas), de 1537. Um dos métodos é recolher sêmen humano, selá-lo num frasco de vidro bastante grande (é preciso espaço para o homúnculo crescer) e mantê-lo numa incubadora de esterco de cavalo durante quarenta dias, até que comece a coagular. A partir daí, alimente-o com sangue humano durante quarenta semanas, ainda mantendo-o aquecido. Não se sabe se o homúnculo surgirá já dotado em muitas artes ou se, como avisa Paracelso, precisará ser educado. Deixá-lo fora do frasco tempo demais pode matá-lo, e, em geral, os homúnculos são mostrados dentro de seus vidros.

Sigilo, verdade e fraude

Práticas alquímicas como criar homúnculos, transmutar metais em ouro e produzir elixires da saúde eram extremamente controvertidas. Ofereciam bastante potencial

O leão que come a serpente no laboratório deste alquimista não é um bichinho de estimação exótico e faminto e faz parte da obscura iconografia das alegorias alquímicas.

para alquimistas fraudulentos enganarem os ingênuos e para adversários acusarem as práticas alquímicas de heréticas ou ilegais. O sigilo que ainda cercava essas práticas era igualmente eficaz para disfarçar uma suposta verdade, servir de mecanismo de proteção ou esconder uma fraude.

A conspiração do sigilo

Dado o clima misto de hostilidade e curiosidade, não surpreende que os alquimistas continuassem a registrar seu trabalho de maneira obscura e esotérica, usando vários símbolos e terminologia, códigos e metáforas especiais. Além de servir para protegê-los, isso também contribuía para o ar de mistério e exclusividade ligado à alquimia. A linguagem obscura tem sido frequentemente usada como ferramenta de exclusão social e para assinalar o pertencimento a uma elite intelectual, e os alquimistas não eram imunes a seus encantos.

Pistas falsas

Desde a época dos alquimistas árabes, havia a tradição de dividir as informações em partes separadas guardadas em lugares diferentes. Dessa maneira, só os verdadeira-

Ilustrações como esta são impossíveis de decifrar sem conhecer a iconografia alquímica.

CAPÍTULO 3

mente dedicados à busca procurariam todas as partes para juntá-las; descobridores acidentais de parte do segredo não iriam longe.

Os metais e os corpos celestes compartilhavam símbolos amplamente usados nos textos alquímicos. Ao substituir um metal pela personificação do corpo astronômico apropriado, era fácil construir imagens ou narrativas alegóricas.

Com o desenvolvimento da impressão no Ocidente, o uso de alegorias e metáforas para disfarçar aspectos do conhecimento alquímico tomou um novo caminho. Os livros impressos usavam cada vez mais ilustrações, e alguns apresentavam imagens alegóricas de ideias e processos alquímicos. Os hermafroditas e os casais dedicados ao coito eram componentes comuns dessas imagens alquímicas — uma extensão natural da ideia de gerar material novo misturando originais contrastantes. Seria cínico demais sugerir que a permissão de olhar imagens de comportamento licencioso pode ter despertado alguma empolgação adicional no alquimista? A pornografia alquímica — ou, pelo menos, o erotismo — talvez fosse um dos benefícios do setor.

Feitura críptica de ouro

É difícil interpretar hoje as narrativas alquímicas alegóricas, muitas vezes acompanhadas de ilustrações crípticas. Seria fácil supor que é um monte de conversa fiada para obscurecer deliberadamente procedimentos que os autores sabiam não fazer sentido ou para apresentar algo bastante nebuloso e mal definido. Mas parece que não era o caso.

Lawrence Principe, que fez o remédio baseado em antimônio, também tentou decifrar o texto e as imagens alegóricas do livro *De magno lapide* [A grande pedra], de Basílio Valentim, dividido em doze "chaves" do sucesso alquímico. Cada chave é um estágio do processo de preparo da pedra filosofal, apresentada como uma narrativa alegórica, acompanhada de uma xilogravura também alegórica, na qual o nome das coisas que representam ouro, prata e outras substâncias químicas muda com frequência. Principe decifrou instruções obscuras como "Quando [o lobo cinzento voraz] devorar o rei, faça uma grande fogueira e lance nela o lobo, para que se queime inteiramente", transformando-as em instruções práticas de laboratório. Nesse caso, significa que o ouro (o rei) é lançado na estibinita fundida (o lobo), que o dissolverá (devorará) e deverá ser aquecida. É verdade que o ouro se derrete prontamente no antimônio derretido e, como explicam as instruções cifradas, pode ser facilmente recuperado (o rei será redimido quando o lobo se queimar). A apresentação alegórica consegue ocultar dos ignorantes o conhecimento químico, que se revela aos iniciados. O procedimento se baseia na prática cuidadosa, pois algumas técnicas, como a sublimação do ouro, são dificílimas de conseguir, mesmo num laboratório moderno e bem equipado.

É claro que os alquimistas não conseguiram produzir a pedra filosofal (supomos). Assim, em algum ponto do caminho as instruções dadas por Valentim tiveram de mudar daquilo que o próprio autor conseguira para as práticas que outros afirmaram ter conseguido ou que, em teoria, acreditavam possíveis. Mas muita gente acreditava que a transmutação era possível. Deve ter sido como um mito urbano: "Meu amigo conhece alguém que fez uma pedra filosofal..." Muitas histórias de sucesso sobrevivem, e museus de toda a Europa têm medalhas e moedas feitas de ouro supostamente produzido pela alquimia, com inscrições que atestam sua proveniência.

Fraude e fracasso

As instruções de Valentim podem ter deixado alguns alquimistas numa triste situação. Embora os fraudadores fossem abundantes, muitos alquimistas acreditavam genuinamente que conseguiriam produzir ouro seguindo as instruções caso obtivessem os materiais, instalações e ferramentas necessários. Eles faziam contratos com homens ricos e poderosos, mas acabavam descobrindo que a receita não dava certo e que tinham rompido o contrato. Na Alemanha, principalmente, os pobres aspirantes a alquimistas eram, em geral, executados. Mesmo quando o alquimista tinha intenções honestas, o fracasso era classificado como fraude, cuja pena era a morte.

Xilogravura que inicia a Chave 9 de De magno lapide, *de Basílio Valentim.*

UMA CAPA DE OUROPEL NUMA FORCA DOURADA

A aceitação pública das possibilidades de transmutação e da feitura da pedra filosofal chegou ao século XVIII. Domenico Caetano (1667-1709), camponês italiano que aprendeu metalurgia e conjuração, se fez passar por um conde alemão e ocupou altos cargos. Afirmava ter descoberto um manuscrito que explicava o preparo da pedra filosofal e começou a demonstrar transmutações. Evidentemente, elas foram tão convincentes que ele recebeu uma razoável fortuna em Bruxelas como adiantamento da transmutação. Caetano finalmente foi desmascarado e ficou seis anos preso, mas conseguiu fugir. Depois de outra série de promessas ousadas — dessa vez, de fazer uma grande quantidade da pedra filosofal para Frederico I — e de tentar escapar, foi executado. Ele foi enforcado com uma capa de ouropel, numa forca coberta de ouro. Medalhas de ouro foram cunhadas para comemorar sua execução.

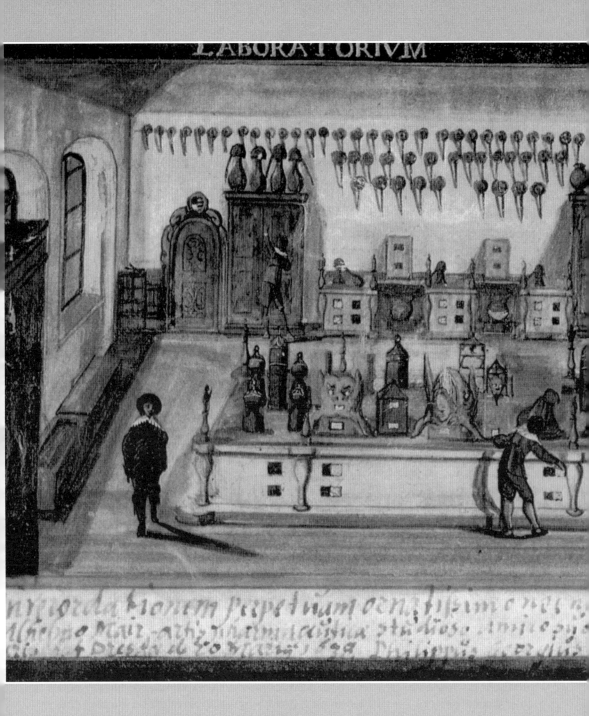

CAPÍTULO 4

DA ALQUIMIA À QUÍMICA

"Embora a natureza comece com a causa e com a experiência, devemos fazer ao inverso, temos de descobrir a causa com experiências."

Leonardo da Vinci

Nos séculos XVII e XVIII, a química começou a se separar da alquimia. Enquanto a alquimia se enraizava na filosofia e na teoria, a química se distinguia por seus alicerces no mundo físico e na experimentação. Finalmente, a química surgia como ciência.

Interior do laboratório de um químico, com monstros, em 1638.

CAPÍTULO 4

O método científico

Aristóteles foi o primeiro teórico a sugerir que deveríamos recorrer aos indícios dos sentidos para entender como funciona o mundo que nos cerca. Infelizmente, suas conclusões mais específicas foram tratadas com tanta reverência que sua confiança no método empírico ficou praticamente esquecida. Os erros da ciência de Aristóteles não foram corrigidos pela observação e pela experimentação posterior. Em vez disso, indícios contrários às autoridades estabelecidas (como Aristóteles) geravam suspeitas e eram mal interpretados. Foi preciso haver uma grande mudança de paradigma para libertar as ciências das algemas do passado.

A revolução científica

No início do Renascimento, a ciência permanecia enraizada nas autoridades clássicas, principalmente Hipócrates, Empédocles, Aristóteles, Galeno e Ptolomeu. Mas, no século XVI, isso começou a mudar. A partir de André Vesálio, os anatomistas exploraram o corpo humano por meio da dissecação. Eles contestaram a descrição de Galeno quando acharam contradições entre os textos e os indícios de seus olhos e de sua experiência. Nicolau Copérnico e Johannes Kepler questionaram o modelo de Ptolomeu de um universo que girava em torno da Terra. Em 1543, Copérnico mostrou que o Sol está no centro do sistema solar; em 1609, Kepler demonstrou que as órbitas dos planetas em torno dele, inclusive a Terra, são elípticas. Uma supernova em 1572 e um cometa em 1577 mostraram que, no fim das contas, o céu não é eternamente imutável. Por volta de 1600, a invenção do microscópio e do telescópio mudou para sempre o modo como vemos o mundo e o universo. O microscópio repovoou o mundo com um número infinito de seres minúsculos e inimagináveis, e o telescópio mostrou detalhes de planetas que antes eram vistos como meros pontos de luz. Galileu Galilei (1564-1642) e Isaac Newton (1642-1726) descobriram leis matemáticas que explicavam e previam o comportamento do mundo físico.

O surgimento de uma nova estrela em 1572, observada aqui pelo astrônomo Tycho Brahe, questionou a crença de que o céu é imutável e abriu caminho para a astronomia moderna. A "estrela", que depois voltou a desaparecer, era uma supernova (SN1572).

DA ALQUIMIA À QUÍMICA

> **MÉTODOS INDUTIVO E DEDUTIVO**
>
> Em essência, há duas maneiras de abordar a busca de conhecimento e significado. Podemos começar com a observação meticulosa e tentar extrair as regras gerais por trás dos fenômenos. Ou podemos começar com a filosofia ou a teoria e, sob sua luz, tentar interpretar os fenômenos observados. A primeira é o raciocínio indutivo; a segunda, o dedutivo. Até o século XVI, a maioria das investigações científicas adotava o segundo caminho; as pessoas tinham uma ótima ideia (assim pensavam) de como o mundo funcionava e trabalhavam dentro desse modelo para explicar os fenômenos observados. Com o surgimento do método científico, houve uma mudança para o método indutivo — usar a observação e a experimentação ativa para recolher dados, e a partir deles concluir as regras do mundo.

Essas descobertas desfizeram certezas baseadas na autoridade dos antigos e até contradiziam a Bíblia. Foi uma época de crise e incerteza intelectual, mas também de empolgação, uma revolução científica que derrubou não só os modelos estabelecidos como todo um modo de pensar.

Na química, foi preciso muito mais tempo para os novos modelos substituírem os antigos, e a alquimia continuou a prosperar numa síntese com a química moderna. Em geral, considera-se que a revolução científica ocorreu entre 1550 e 1700, mas a revolução da química começou no fim desse período e foi mais drástica no século XVIII. Enquanto a química se manteve amarrada às raízes filosóficas da alquimia, o progresso real foi sufocado; as novas descobertas eram interpretadas à luz de um modelo incorreto. Foi preciso uma mudança profunda de ponto de vista — a confiança de permitir que um novo modelo surgisse de resultados e observações experimentais — para que isso mudasse.

A ciência de Bacon

Em 1620, o filósofo inglês Sir Francis Bacon (1561-1626) lançou as bases do chamado método científico. Ele sugeriu que os cientistas — ou "filósofos naturais", como eram então chamados — adotassem um processo rigoroso de observação e experimentação para testar ideias filosóficas. A abordagem seria crítica e investigativa; eles não deveriam aceitar sem questionamento uma crença generalizada como verdadeira. Seu método defendia começar com a dúvida, enquanto o método dedutivo predominante começava com a certeza. O livro em que propôs essa abordagem se chamava Novum Organum, devido ao Organon de Aristóteles, que incentivava os cientistas a partir da observação e trabalhar até as leis gerais. Mas ele foi além de Aristóteles quando defendeu também a experimentação ativa.

A parte central da recomendação de Bacon é que a ciência deveria começar com uma hipótese a ser testada por investigações regulamentadas e repetidas. As conclusões do cientista não devem ir além do que as provas sustentam diretamente. Por exemplo, para testar a ideia de que o clima frio e úmido provoca doenças, pessoas saudáveis deveriam ser submetidas a essas condições para que sua saúde fosse verificada depois. Caso se descobrisse que

Sir Francis Bacon, *muitas vezes considerado o criador do método científico.*

adoeciam, isso não sustentaria automaticamente a teoria dos humores; só mostraria que, por alguma razão ainda não determinada, o clima frio e úmido causa doenças. (É óbvio que isso não é nada ético, principalmente quando havia relativamente poucos tratamentos eficazes para doenças. Nem sempre as ideias de Bacon poderiam ser postas em prática.)

A mudança já estava em andamento na Europa, e conhecimentos herdados havia milênios eram finalmente questionados. O que Bacon sugeria era uma estrutura na qual essas descobertas e os questionamentos da autoridade pudessem ser administrados e em que filósofos tivessem mais segurança de estar se aproximando da verdade e não simplesmente de outro conjunto de premissas erradas.

Saber e sociedade

Bacon sugeria a fundação de uma instituição que promovesse e regulamentasse o conhecimento de acordo com esse método, oferecendo um tipo de mecanismo de controle de qualidade do novo conhecimento científico. Muitos anos depois, em 1660, fundou-se em Londres a Royal Society for Improving Natural Knowledge (Real Sociedade para Melhorar o Conhecimento Natural), como um "colégio invisível", com o lema Nullius in verba, "nas palavras de ninguém", querendo dizer "não acredite na palavra de ninguém". Mais tarde, ela se tornou apenas a Royal Society (e ainda existe como tal), a primeira das sociedades eruditas que brotariam por toda a Europa para regulamentar o conhecimento e o comportamento profissional em áreas específicas de especialização. A Royal Society tomaria a frente na distinção entre alquimia e química.

A alquimia e o método científico

Com muita clareza, a alquimia não parte de fenômenos observados nem avança para leis generalizadas. Ela começa com a crença de que a matéria é formada por poucos elementos fundamentais e pode ser reconfigurada com a adição ou a remoção de elementos ou propriedades que a transformem. Tudo o que se segue se baseia nessa crença, e o fato de a transformação não ser conseguida foi atribuído à

DA ALQUIMIA À QUÍMICA

> ### AS REGRAS DE NEWTON
>
> Em seu Principia Mathematica (1687), Isaac Newton estabeleceu quatro regras que, conforme acreditava, deveriam governar o tratamento pelo cientista do conhecimento derivado da observação.
> - Não se deve admitir nenhuma causa de coisas naturais além das que sejam simultaneamente verdadeiras e suficientes para explicar os fenômenos.
> - Portanto, as causas atribuídas a efeitos naturais do mesmo tipo devem ser, na medida do possível, as mesmas.
> - As qualidades dos corpos que não possam ser intentadas e dispensadas e que pertençam a todos os corpos nos quais se possam fazer experiências devem ser consideradas qualidades de todos os corpos universalmente.
> - Na filosofia experimental, as proposições advindas de fenômenos por indução devem ser consideradas exatamente ou quase verdadeiras, não obstante quaisquer hipóteses contrárias, até que outros fenômenos tornem tais proposições mais exatas ou passíveis de exceções.

incompetência do alquimista ou ao uso do método errado e não uma indicação para questionar o modelo subjacente.

O método científico enfiou uma cunha entre a química e a alquimia. Embora não cessassem de imediato, as práticas alquímicas se distanciaram da ciência. A alquimia se tornou mais esotérica, e a química, mais enraizada na parte empírica. A separação era inevitável.

Um divórcio amigável

Alguns grandes cientistas da época mostraram interesse sério e profissional pela alquimia e não viram nenhuma contradição em praticá-la ao lado da ciência não especulativa.

Químicos alquímicos

Ao lado de Newton, o químico Robert Boyle (1627-1691) e o biólogo e químico Jan Baptist van Helmont (ver a página 76) se destacam como homens conhecidos primariamente por suas realizações na ciência natural convencional, mas que também eram alquimistas entusiasmados.

Na verdade, Newton dedicou mais tempo e energia à alquimia do que à física e à matemática, e escreveu um total de mais de um milhão de palavras sobre o tema.

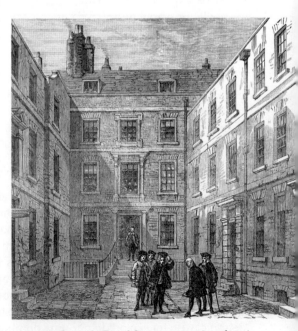

A recém-formada Royal Society se reuniu pela primeira vez em salas de Crane Court, na rua Fleet, em Londres.

73

CAPÍTULO 4

Um personagem que muito fez para incentivar Boyle e Newton foi George Starkey (originalmente, Stirk). Nascido nas Bermudas, estudou em Harvard e depois se mudou para Londres, na Inglaterra, onde era mais fácil encontrar colegas e suprimentos. Para financiar suas experiências alquímicas, ele fazia e vendia remédios iatroquímicos (isto é, tratamentos com origem alquímica), perfumes e fornalhas químicas.

Starkey se apresentou como canal de comunicação com um alquimista que chamou de Eirenaeus Philalethes e começou a apresentar documentos sob esse nome. Ele afirmava que Philalethes sabia fazer a pedra filosofal e lhe dera amostras. Na correspondência particular, Starkey descrevia abertamente suas práticas alquímicas, mas nos textos assinados por Philalethes ele era tão obscuramente alegórico quanto os outros alquimistas. Sua influência sobre Boyle, principal químico da época, foi grande, e ele lhe escrevia cartas que Boyle repassava a outros como Newton. Em 1665, aos 37 anos, Starkey morreu de peste — doença contra a qual seus remédios iatroquímicos se mostraram ineficazes.

Starkey não foi o único a ter essa influência. Em suas anotações, Boyle registrou vários exemplos de demonstrações de transmutação, inclusive uma por volta de 1680 em que foi até convidado a lançar pessoalmente fragmentos da pedra filosofal vermelha no chumbo derretido. Ele declinou, com medo de que a mão tremesse e ele deixasse a preciosa substância cair no fogo, mas assistiu à transformação que aparentemente ocorreu quando o alquimista mostrou como se fazia. Boyle mandou testar o metal e descobriu que era ouro puro. Ficou tão convencido com essa e outras demonstrações que, em 1689, depôs ao Parlamento e atestou a realidade da transmutação em apoio a um projeto de lei que derrubaria a proibição à prática de 1404. O projeto foi bem sucedido, e a transformação de metais vis em ouro foi legalizada na Inglaterra em 1689.

No entanto, a maré estava virando. Depois da morte de Newton em 1727, a Royal Society considerou suas obras alquímicas "inadequadas para publicação", e elas

---

BOYLE ENGANADO

Boyle nem sempre teve sorte na lida com alquimistas. Em 1677, um francês chamado Georges Pierre des Clozets o visitou em Londres e o apresentou a uma sociedade internacional de alquimistas chamada "Asterismo". Depois de alguma correspondência e de enviar presentes a alguém apresentado como "patriarca de Antioquia", Boyle foi convidado a entrar no grupo. Pierre des Clozets seria seu representante numa reunião num castelo perto de Nice, na França. Entre as maravilhas prometidas pela sociedade, estava um alquimista chinês que diziam ter um homúnculo (ver a página 64) que vivia numa garrafa de vidro. Mas a filiação de Boyle não deu em nada; de acordo com Pierre des Clozets, o castelo foi explodido por uma bomba, e muitos membros morreram. Boyle então descobriu que Clozets nem sequer fora a Nice, mas não conseguiu devolver seus valiosos documentos. Pierre des Clozets morreu em 1680.

DA ALQUIMIA À QUÍMICA

OS DESEJOS CIENTÍFICOS DE BOYLE

Boyle produziu uma lista de 24 coisas que gostaria de ver inventadas ou conseguidas, e a maioria delas se realizou pelo menos em certo grau:

- O prolongamento da vida.
- A recuperação da juventude, ou pelo menos de algumas de suas marcas, como dentes novos e cabelo novo com a cor da juventude.
- A arte de voar.
- A arte de ficar muito tempo embaixo d'água e lá exercer funções livremente.
- A cura de feridas à distância.
- A cura de doenças à distância ou, pelo menos, por transplante.
- Atingir dimensões gigantescas.
- Emulação dos peixes, sem motores, apenas por costume e educação.
- Aceleração da produção de coisas a partir da semente.
- A transmutação dos metais.
- A feitura de vidro maleável.
- A transmutação de espécies em minerais, animais e vegetais.
- O *alkahest* líquido e outros *menstruums*. (Isso significa um solvente universal.)
- Feitura de vidros parabólicos e hiperbólicos.
- Feitura de armaduras leves e duríssimas.
- O modo prático e certo de calcular longitudes.
- O uso de pêndulos no mar e em viagens e sua aplicação a relógios.
- Drogas potentes para alterar ou exaltar a imaginação, a vigília, a memória e outras funções e aliviar a dor, obter sono inocente, sonhos inofensivos etc.
- Um navio que veleje com qualquer vento e um navio que não afunde.
- Libertação da necessidade de muito sono, exemplificado pela operação do chá e pelo que acontece em loucos.
- Sonhos e exercícios físicos agradáveis, exemplificados pelo eletuário egípcio e pelo fungo mencionado pelo autor francês.
- Grande força e agilidade do corpo, exemplificados por epiléticos frenéticos e pessoas histéricas.
- Uma luz perpétua.
- Vernizes perfumáveis pelo atrito.

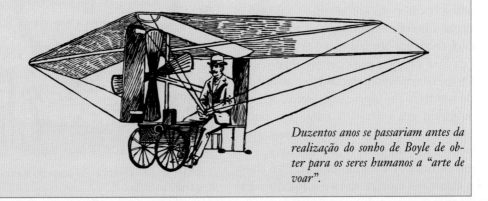

Duzentos anos se passariam antes da realização do sonho de Boyle de obter para os seres humanos a "arte de voar".

CAPÍTULO 4

Para os fiéis, a Sagrada Comunhão encena uma transformação ainda mais maravilhosa do que as prometidas na alquimia.

desapareceram num arquivo, onde ficaram esquecidas por quase trezentos anos. Newton também não estava ansioso para divulgar sua obra. Ele escreveu a Boyle sobre a necessidade de manter "elevado silêncio" sobre sua arte e suas descobertas.

Transformações por toda parte

O ponto em que a alquimia e a química começaram a seguir caminhos separados é marcado mais pela mudança de abordagem do que pela mudança da crença sobre o que era possível. No século XVII, transformações misteriosas eram amplamente aceitas. A Igreja Católica defendia que o pão e o vinho do sacramento se transformavam literalmente no corpo e no sangue de Cristo; era um milagre diário que todo católico aceitava sem pensar duas vezes. Os metais do solo pareciam se transformar de um tipo em outro, com veios de ouro surgindo em rochas. A comida e outras matérias podres pareciam se transformar em vermes, minhocas e moscas vivos, e até em escorpiões e camundongos. E, é claro, a comida, a água, a terra e a luz do sol se transformavam diariamente no corpo de plantas e animais. Parecia que a prova dos sentidos sustentava transformações estranhas.

A mudança significativa ocorreu com a aplicação do método científico e do raciocínio indutivo à investigação dessas transformações. Essa grande mudança de paradigma acabaria provocando o desmonte da alquimia: nada encontrado no laboratório sustentava a noção de que metais vis pudessem ser transformados em ouro nem reforçava a estrutura filosófica da alquimia.

A árvore de Van Helmont

Uma experiência cruza perfeitamente a fronteira entre alquimia e química, um marco tanto da ascensão do método científico quanto da continuação das antigas teorias. Foi realizada pelo cien-

A árvore de Van Helmont foi essencial na história do método científico.

DA ALQUIMIA À QUÍMICA

> "Com esse aparato aprendi que todas as coisas vegetais surgem diretamente, e em sentido material, do elemento água somente. Tomei um pote de barro e nele coloquei duzentas libras de terra, que foram secadas no forno. Esta umedeci com água da chuva e nela plantei uma muda de salgueiro que pesava cinco libras. Quando cinco anos se passaram, a árvore que cresceu dela pesava 169 libras e cerca de três onças. O pote de barro foi molhado, sempre que necessário, apenas com água da chuva ou destilada. Era muito grande, e afundou no chão, e tinha sobre si uma tampa de ferro estanhado com muitos furos, que cobria a borda do vaso para impedir que o pó trazido pelo ar se misturasse à terra. Não medi o peso das folhas que caíram em cada um dos quatro outonos. Finalmente, sequei a terra do vaso mais uma vez, e descobri as mesmas duzentas libras, menos cerca de duas onças. Portanto, 164 libras de madeira, casca e raízes surgiram só da água."
>
> Jan Baptist van Helmont, *Ortus Medicinae* (1648, publicação póstuma)

tista flamengo Jan Baptist van Helmont (1580-1644), que acreditava na alquimia. Ele estava convencido de que a matéria original é a água, exatamente como Tales afirmava dois mil anos antes, e propôs que, ao crescer, a planta converte água em casca, folhas, raízes, sementes e todas as partes de seu corpo. Assim, projetou uma experiência para testar sua teoria. (A teoria predominante era que as plantas tiram material somente do solo para construir sua estrutura.) Foi a primeira vez em que se aplicou o método científico à biologia ou à química de um organismo vivo; pelo menos, foi a primeira vez em que se publicou o resultado. Leonardo da Vinci (1452-1519) realizou a mesma experiência com abóboras, mas só registrou o resultado em seus cadernos particulares.

Para aplicar o método científico à questão, Van Helmont resolveu testar sua teoria de que as plantas crescem apenas com a água. Foi uma demonstração de coragem, porque em 1634 ele tinha sido preso e interrogado pela Inquisição espanhola por estudar plantas e outros fenômenos naturais. Em primeiro lugar, ele pesou uma muda de salgueiro e depois, um vaso grande de terra seca. Plantou a muda no vaso, cobriu-o para que nada pudesse cair nele e regou-a. Ele cuidou da árvore por cinco anos. No fim desse tempo, esvaziou cuidadosamente o vaso e, depois de removê-la das raízes da árvore, pesou a terra outra vez. E pesou a árvore. Esta ganhara peso — 74,3 kg —, mas a terra perdera apenas 60 g. Ele concluiu que a árvore não crescera da terra, mas da água que tinha lhe fornecido.

A conclusão de van Helmont estava errada; a água é importante para as plantas, mas elas tiram seus tijolos químicos dos gases do ar, com pequenas quantidades de nutrientes essenciais da terra. Ironicamente, a outra pretensão de Van Helmont à fama foi a descoberta do dióxido de carbono

Jan Baptist van Helmont.

CAPÍTULO 4

> **PROPOSIÇÕES DE BOYLE**
>
> *Proposição I.*
> Não parece absurdo conceber que, na primeira produção de corpos mistos, a matéria universal da qual eles, entre outras partes do universo, consistiam foi realmente dividida em pequenas partículas de vários tamanhos e formatos, movidas de forma variada.
>
> *Proposição II.*
> Também não é impossível que, dessas partículas minúsculas, várias das menores e vizinhas associaram-se aqui e ali em massas ou aglomerações miúdas e, por sua coalizão, constituíram um grande reservatório dessas pequenas concreções ou massas primárias, pois não eram facilmente dissipáveis naquelas partículas que as compunham.
>
> *Proposição III.*
> Não negarei peremptoriamente que, da maioria desses corpos mistos que compartilham da natureza vegetal ou animal, possa, pela ajuda do fogo, ter-se obtido um número determinado (fosse três, quatro, cinco, fosse menos ou mais) de substâncias, dignas de denominações diferentes.
>
> *Proposição IV.*
> Pode-se, do mesmo modo, assegurar que aquelas substâncias distintas, das quais geralmente proporcionam coisas concretas ou que delas são formadas, possam, sem muita inconveniência, ser chamadas de seus elementos ou princípios.
>
> Robert Boyle, O químico cético, 1661

(ver a página 100), mas ele não desconfiou que o ar suprisse à árvore algo de que necessitasse. Embora errado nos detalhes, Van Helmont acertou ao concluir que as plantas decompõem e reconfiguram o material que absorvem. Mas a descoberta do método dessa transformação estava a uma boa distância no futuro.

A química em surgimento

Se houver um momento definido que marque o surgimento da química moderna, será a publicação do livro O químico cético, de Robert Boyle, em 1661. Boyle fez pela química o que Copérnico fez pela astronomia e Vesálio, pela anatomia: ele a ergueu do atoleiro da sabedoria aceita e propôs que as coisas talvez não fossem exatamente como todos acreditavam.

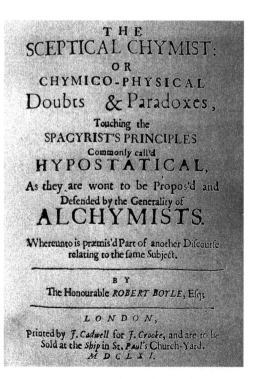

A publicação de O químico cético *de Boyle foi um ponto essencial da história da química.*

Química e ceticismo

O livro de Boyle é apresentado como um diálogo entre cinco amigos sobre a estrutura da matéria. Ao emoldurar o debate dessa maneira, Boyle seguiu a tradição clássica, mas suas proposições (ver o quadro à esquerda) a derrubaram. Elas afirmavam que toda matéria se compõe de partículas minúsculas; que essas partículas são de elementos fundamentais; que os elementos não são os estabelecidos pelos antigos gregos nem por Paracelso; e que toda a matéria que vemos é composta — não vemos os elementos em sua forma pura.

As noções de *O químico cético* possibilitaram a química moderna. Especificamente, a dissociação entre os elementos e a terra, o ar, a água e fogo abriu a porta para a descoberta dos genuínos elementos químicos. Boyle definia os elementos sem fazer referência a nenhuma substância específica: "Agora, como aqueles químicos que falam mais claro fazem com seus princípios, quero dizer com elementos certos corpos primitivos e simples, ou perfeitamente sem mistura; que, não sendo feitos de nenhum outro corpo nem um do outro, são os ingredientes dos quais todos aqueles corpos ditos perfeitamente misturados são imediatamente compostos e nos quais, em última instância, se reduzem."

Essa definição se sustenta sem saber quais são os elementos nem como se combinam. Ela também abre caminho para duas atividades fundamentais da química: fazer misturas e compostos químicos (síntese) e descobrir a composição das misturas e compostos químicos (análise).

Elementos antigos e novos

Ao liberar os químicos da tirania intelectual do legado grego, Robert Boyle permitiu a descoberta dos elementos reais e minimizou as restrições artificiais ao modo como se esperava que a matéria reagisse e interagisse. Mas ele não facilitou a identificação dos elementos.

Das substâncias que tinham sido tratadas de algum modo como elementares, não se considera mais que ar, água, terra, sal e a não substância fogo sejam elementos. Mercúrio e enxofre, que os alquimistas consideravam componentes físicos dos metais, são reconhecidos como elementos. Então, como surgiu a nova lista de elementos?

Construção da nova lista

Alguns elementos são conhecidos desde a época pré-histórica, embora não reconhecidos como tais. Ouro, prata, chum-

As cores iridescentes dos cristais de bismuto pertencem a uma camada finíssima de óxido que se forma sobre sua superfície em contato com o ar.

CAPÍTULO 4

bo, mercúrio, estanho, cobre, enxofre, antimônio, arsênio, bismuto e zinco eram conhecidos pelas antigas civilizações (embora nem todos conhecidos por todas elas). O bismuto, embora conhecido, era frequentemente confundido com chumbo e estanho e só foi confirmado como substância separada em 1753.

Entre os antigos e o século XVIII, apenas um elemento novo tinha sido descoberto, o primeiro a ser encontrado por experimentação química. Foi o fósforo, descoberto pelo alquimista alemão Hennig Brand em 1669, só oito anos depois da publicação de O químico cético. Não foi identificado como elemento ao ser descoberto.

Brand vinha coletando urina (dizem que juntou 1.500 galões dela), que usava em suas experiências alquímicas. A urina era usada como ingrediente de preparações alquímicas desde os papiros de Leiden e Estocolmo, portanto não havia nada de estranho nisso. O que Brand fez que parece que ninguém tinha feito foi pegar um frasco de urina e fervê-la até se transformar numa massa grossa e grudenta, depois deixá-la repousar alguns meses até, imagina-se, ficar profundamente desagradável e aquecê-la com areia para recolher as frações separadas de gases e óleos. A última fração se condensou num sólido branco: o fósforo. A princípio, Brand achou ter descoberto a pedra filosofal. O fósforo branco emite brilho em presença de oxigênio, que é a energia emitida conforme o elemento se oxida, e deve ter parecido suficientemente espetacular para empolgá-lo.

Como a maioria dos alquimistas, Brand era sigiloso a respeito de seus métodos, mesmo depois de perceber que o fósforo não era a pedra filosofal. Ele vendeu as instruções para fazê-lo a algumas pessoas, como o filósofo e matemático alemão Gottfried von Leibniz (famoso por desenvolver o cálculo ao mesmo tempo que Isaac Newton). O método só se tornou público depois da morte de Brand, quan-

A espantosa descoberta do fósforo por Brand, pintada em 1771 por Joseph Wright de Derby como O alquimista em busca da pedra filosofal.

DA ALQUIMIA À QUÍMICA

Alguns organismos vivos usam a quimioluminescência e produzem luz a partir de uma reação química.

do, em 1737, alguém vendeu seu segredo à Academia de Ciências de Paris.

Mais metais

Depois do fósforo, houve uma lacuna de sessenta anos antes que se encontrasse o próximo elemento, mas a partir daí as descobertas foram rápidas e caudalosas. Em 1732, o químico sueco Georg Brandt encontrou o primeiro novo elemento metálico a ser descoberto. Professor de Química da Universidade de Uppsala, Brandt demonstrou que a cor azul muitas vezes encontrada no vidro é produzida pelo cobalto. Havia milênios que compostos de cobalto eram usados em esmaltes para colorir vidro e cerâmica. Os químicos do século XVIII supunham que a cor era produzida pelo bismuto, que costuma ocorrer nos mesmos minérios que o cobalto. A identidade do cobalto como elemento só foi confirmada em 1753.

DUENDES E ENTES SUBTERRÂNEOS

O nome "cobalto" vem da palavra alemã kobold, "duende". O minério que contém cobalto era chamado de kobold pelos mineiros devido aos vapores tóxicos produzidos quando era aquecido; ele também contêm arsênio, que forma o óxido arsênico, volátil e perigoso.

O níquel também recebeu o nome de um ente mitológico malvado e subterrâneo. Foi descoberto em 1751 pelo barão sueco especialista em mineração Axel Cronstedt, que lhe deu o nome de *kupfernickel*, porque o minério se parece com cobre (*kupfer*), mas os mineiros não conseguiam extrair cobre dele. Em vez de reconhecer que não havia cobre para extrair, eles culpavam um ente ou *nickel* por atrapalhar suas tentativas. Cronstedt também descobriu o mineral que chamou de scheelita em homenagem a Carl Scheele e do qual, mais tarde, se extraiu tungstênio.

CAPÍTULO 4

Brandt ficou contente com a simetria que, pelo que entendia, se completava com sua descoberta; acreditava-se que havia seis metais verdadeiros, e agora, com o cobalto, também havia seis semimetais (que chamaríamos de metaloides). Essa simetria logo seria destruída.

A platina recebeu seu nome como novo metal em 1748, o níquel em 1751, o bismuto em 1753 e o magnésio em 1755. Como no caso do cobalto, algumas substâncias tinham sido encontradas e usadas previamente, embora não identificadas como metais diferentes. Em 1557, a platina foi descrita pela primeira vez pelo médico italiano Julius Caesar Scaliger como metal que se encontrava misturado ao ouro sul-americano. É possível que alguns alquimistas também tivessem encontrado a platina, pois há relatos ocasionais de um metal quase tão pesado quanto o ouro que não reage com os ácidos costumeiros. A platina se encaixaria nessa descrição e, sem ser percebida, poderia estar presente em pequena quantidade como impureza do ouro usado pelos alquimistas.

As vacas não gostam dele

O último metal a ser encontrado nesse primeiro lote de descobertas foi o magnésio. Em 1618, durante uma seca, o agricultor inglês Henry Wicker descobriu que suas vacas se recusavam a beber de um olho d'água em Epsom, Surrey. As vacas não costumam ser exigentes, ainda mais quan-

Em geral, o gado bovino bebe água de qualquer fonte, e quando as vacas de Wicker se recusaram a beber de um olho d'água específico, valeu a pena investigar.

do têm sede, e Wicker investigou. Além do gosto amargo, a água da fonte tinha a propriedade incomum de ajudar a curar arranhões e urticária. O efeito terapêutico dos "sais de Epsom" (sulfato de magnésio) logo se tornou muito conhecido. Em 1755, Joseph Black reconheceu que um componente dos sais de Epsom (o magnésio) era um novo elemento. Em 1808, o químico inglês Humphry Davy (1779-1829) extraiu magnésio pela primeira vez por eletrólise, usando uma mistura de magnésia (óxido de magnésio) e mercúrio.

Rápido e caudaloso

Os primeiros elementos gasosos foram descobertos em meados do século XVIII, mas em seguida houve uma lacuna de mais de um século até se descobrirem os seguintes. O progresso foi mais constante com os elementos metálicos, que, depois do magnésio, vieram em sucessão bastante

DA ALQUIMIA À QUÍMICA

rápida: bário (reconhecido em 1772, isolado em 1808), manganês (1774), molibdênio (1778/1781), tungstênio (1781/1783), telúrio (1782) e estrôncio (1787/1808). Em quinze anos, de 1789 a 1804, quatorze elementos novos foram encontrados, inclusive o titânio e o cromo. O sódio e o potássio foram ambos encontrados em 1807, e o cálcio e o boro em 1808.

Definição de "elementos"

Embora, retrospectivamente, vejamos uma torrente de descobertas, na época não era claro quais dessas e outras substâncias químicas eram elementos. A noção de elemento ainda era um tanto confusa, apesar da definição de Boyle. O grande químico francês Antoine-Laurent Lavoisier (1743-1794) trouxe clareza considerável à questão.

Lavoisier redefine a química

Lavoisier se dispôs a esclarecer a natureza dos elementos e lançou as bases da química como ciência independente; ele costuma ser considerado o pai da química moderna. Em 1789, ele publicou o Tratado elementar de química com a intenção de promover e explicar a "revolução química" — a nova ideia da química que ele e seus contemporâneos praticavam, separando, afinal e para sempre, seu trabalho da labuta dos alquimistas.

Uma nova lista

No Tratado, Lavoisier estabeleceu sua definição de elemento ou "princípio": uma substância química que não pode ser dissociado por nenhum método de análise ou decomposição. Ele admitiu prontamente que as substâncias que listava poderiam ser decompostas algum dia e afirmou apenas que isso não era possível com os métodos da época.

"Não que tenhamos o direito de afirmar que essas substâncias que consideramos simples não possam ser compostas por dois e até por um número maior de princípios; mas, como esses princípios não podem ser separados, ou melhor, como até agora não descobrimos o meio de separá-los, eles agem em relação a nós como substâncias simples, e não devemos jamais supor que sejam compostas até que a experiência e a observação provem que são."

Lavoisier listou 33 substâncias, 23 das quais ainda são aceitas como elementos. Estranhamente, sua lista inclui luz e "calórico", que ele considerava a substância sem massa do calor que fazia o volume de outras substâncias se expandir. Esses, ao lado dos gases oxigênio, hidrogênio e nitrogênio, ele considerava "fluidos elásticos".

As outras categorias de Lavoisier eram os não metais, os metais e as "terras". Os não metais, que ele definia como "elementos não metálicos oxidáveis e acidificáveis", eram fósforo, enxofre e carbono, e também as raízes dos ácidos bórico, hidroclorídrico e hidrofluorídrico (mais tarde identificadas como boro, cloro e flúor).

Os dezessete metais ("metálicos, oxidáveis e capazes de neutralizar um ácido para formar um sal") eram prata, bismuto, cobalto, cobre, estanho, ferro, manganês, mercúrio, molibdênio, níquel, ouro, platina, chumbo, tungstênio e zinco, mais arsênio e antimônio, estes dois últimos não mais considerados metais verdadeiros, mas ainda elementos.

As terras ou "sólidos terrosos que formam sais", são todos reconhecidos hoje como compostos (óxidos de cálcio, magnésio, bário, alumínio e silício; os elementos seriam descobertos no século seguinte).

Algumas substâncias não cabem na categoria que Lavoisier lhes atribuiu (hoje,

CAPÍTULO 4

ANTOINE-LAURENT LAVOISIER, O "PAI DA QUÍMICA" (1743-1794)

Filho de um rico advogado parisiense, Lavoisier estudou Direito, mas se sentiu atraído pela ciência. A química foi a principal paixão de sua vida, embora ele também tenha trabalhado com tributação. Lavoisier foi um personagem central da Revolução Química do século XVIII.

Marie-Anne Pierrette Paulze, esposa de Lavoisier, tinha apenas 13 anos quando se casou, mas logo estudou ciência e aprendeu inglês para traduzir artigos científicos para o marido. Também aprendeu desenho e gravura para ilustrar seus livros e artigos.

Em 1775, Lavoisier foi nomeado comissário da Real Superintendência de Pólvora e Salitre e se mudou para o Arsenal de Paris. Lá, seu laboratório bem equipado atraiu jovens químicos de toda a Europa — e ele aprimorou consideravelmente a manufatura de pólvora. Lavoisier fez muitas descobertas importantes, como o papel do oxigênio na respiração e na combustão e a composição química da água. Sua insistência na conservação da matéria como guia para entender as reações e os processos químicos foi fundamental e embasou sua atenção meticulosa aos detalhes. Ele fez medições cuidadosas e registrou todo o seu trabalho.

Lavoisier refutou a teoria do flogístico (ver a página 94) e deu início à moderna nomenclatura sistemática das substâncias químicas. Em 1789, ele publicou uma obra inspiradora, o *Tratado elementar de química*. Mas, cinco anos depois, foi guilhotinado pelos revolucionários franceses, acusado de adulterar tabaco e de tirar dinheiro do tesouro nacional para pagar os inimigos da França. Dezoito anos depois, Lavoisier foi inocentado, e o governo admitiu que as acusações eram falsas; seus bens foram devolvidos à viúva.

Equipe Lavoisier: Antoine e a esposa Marie-Anne trabalhavam juntos.

DA ALQUIMIA À QUÍMICA

> **A CABEÇA QUE PISCAVA**
>
> Há uma história apócrifa em que Lavoisier pediu a um amigo que observasse sua cabeça cair no cesto depois de guilhotinada e prometeu que continuaria a piscar o máximo possível para ver quanto tempo a cabeça sobreviveria à decapitação. Não há provas que sustentem a história e, como Lavoisier e mais 27 foram julgados, condenados e executados no mesmo dia, com as execuções levando apenas 35 minutos, não haveria tempo para realizar essa última experiência.

o arsênio e o antimônio não são considerados metais); e dois nem são considerados substâncias (luz e calor). Mas foi um começo. O mais espantoso na lista de Lavoisier foi simplesmente quantos elementos ele se dispunha a aceitar. Os esquemas antigos tinham considerado quatro ou cinco como suficientes para fazer o universo inteiro. O esquema de Lavoisier era muito diferente e permitia muito mais diversidade. Pouco depois, a rápida proliferação de elementos se tornaria uma bela dor de cabeça para os químicos, como veremos adiante.

Tentativa e erro

O princípio de Lavoisier de que uma substância não pode ser capaz de decomposição para ser considerada elemento ainda se mantém, mas o modo como é concebido e testado mudou. A definição moderna é que os elementos são compostos inteiramente de átomos do mesmo tipo. Ou seja, o hidrogênio é feito de átomos de hidrogênio e o zinco, de átomos de zinco, e assim por diante. O "elemento" ácido hidroclorídrico de Lavoisier não conta porque é formado de átomos de hidrogênio e cloro combinados; é um composto. O problema dos químicos do século XVIII é que eles não tinham outro jeito senão as experiências para determinar quais substâncias podiam ser decompostas em componentes mais simples e quais não podiam.

O próximo avanço viria no comecinho do século seguinte. Mas, antes disso, os químicos tinham um reino todo novo da Química para descobrir e explorar: os gases.

Lavoisier foi apenas um dos muitos executados injustamente na guilhotina durante a Revolução Francesa.

> *"Levaram somente um instante para cortar aquela cabeça, e cem anos talvez não produzam outra igual."*
>
> Joseph-Louis Lagrange, comentando a execução de Lavoisier, 1794

CAPÍTULO 5

O NADA AÉREO

"A importância do fim em vista me levou a realizar todo esse trabalho, que me parecia destinado a provocar uma revolução [...] na química."

Antoine Lavoisier, 1773

A contribuição de Lavoisier à química foi além do estabelecimento de uma nova noção dos elementos. No século XVIII, o ar que nos cerca foi submetido a investigação meticulosa, e o resultado, como Lavoisier previa, provocou mudanças avassaladoras.

O dióxido de carbono sólido se vaporiza rapidamente à temperatura ambiente.

CAPÍTULO 5

O ar invisível

A existência de sólidos e líquidos e as diferenças entre eles são óbvias até para o observador mais desatento. O movimento entre os dois estados era conhecido havia milênios; era possível observar o gelo derreter e a água congelar, e muitas atividades, da cozinha à metalurgia e à fabricação de vidro, usavam as mudanças entre o estado sólido e o líquido. Os gases, no entanto, são menos óbvios de forma imediata. Para começar, a maioria deles é invisível. Como até Aristóteles notou, alguns líquidos evaporam, produzindo a "exalação" que ele percebeu no vinho. Os vapores se condensam ou se dissipam, parecem se desfazer no nada; e substâncias que são gases à tem-

Não podemos ver o ar, mas podemos ver seus efeitos com o vento.

peratura ambiente costumam não ter cor nem cheiro.

Jan Baptist van Helmont, o químico flamengo que plantou uma muda de salgueiro num vaso, deixou de ver um componente fundamental da matéria-prima incorporada por sua árvore ao crescer; ele não levou em conta o que a árvore poderia ter tirado do ar. Mas foi ele que cunhou a palavra "gás" em meados do século XVII, adaptando-a da palavra grega *chaos*, muitas vezes usada para significar "vácuo".

Os gases são um conceito capcioso. Quando inalamos, obviamente inspiramos algo que não é sólido nem líquido e é invisível. Se enfiar um canudo numa vasilha com água e soprar, você fará bolhas. Assim, o que há nos pulmões é significativo, tem volume e, de certo modo, pode ser medido. Mas não podemos ver o ar e só o notamos quando ele falta, traz aromas ou

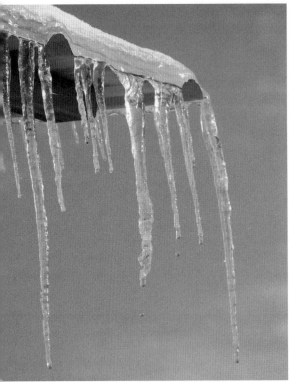

O derretimento do gelo é uma mudança de estado desde sempre conhecida pelos seres humanos.

fumaça ou quando move objetos sólidos (numa ventania, por exemplo).

De elemento a mistura

O ar era um dos quatro ou cinco elementos citados pelas antigas culturas. Esses elementos eram concebidos mais como princípios metafóricos do que como substâncias físicas indivisíveis, mas o ar era claramente considerado um tipo de matéria. A natureza do ar como gás ou mistura de gases só veio a ser estudada no século XVII. Ele foi investigado primeiro por suas propriedades físicas, tratado como substância única.

Trabalho com — e sem — gases

Como a maioria dos gases é invisível, para os primeiros cientistas era difícil traba-

> **MERCÚRIO MAIS SEGURO DO QUE ÁGUA**
>
> Galileu e Gasparo Berti já tinham descoberto que o sifão não funcionaria numa altura acima de 10,3 m e que a água num tubo fechado emborcado numa vasilha com água só formaria uma coluna de 10,3 m de altura. Torricelli estava ansioso para explorar o mercúrio, mas, como já era alvo de suspeitas de feitiçaria ou bruxaria, queria manter suas experiências discretas. Por essa razão, escolheu o mercúrio, líquido muito mais pesado do que a água, que lhe permitiria usar um tubo mais curto. Seu tubo de mercúrio só precisava ter 80 cm de altura, e era fácil mantê-lo longe dos olhos.

lhar com eles, observá-los e descrevê-los. Os gases tiveram de ser investigados pela pressão que exercem ou o volume que ocupam e, mais tarde, por seu papel nas reações químicas.

Em 1643, Evangelista Torricelli, aluno italiano de Galileu, inventou o barômetro. Era um tubo de vidro fechado numa das pontas, cheio de mercúrio e invertido numa vasilha com mercúrio. Isso demonstrou pela primeira vez que a atmosfera exerce pressão e, portanto, que o ar tem massa. Quando a pressão do ar diminuía, a pressão exercida sobre a superfície do mercúrio na vasilha se reduzia e o nível de mercúrio no tubo caía, criando um vácuo na ponta selada do tubo. Quando a pressão do ar subia, seu peso sobre a superfície do mercúrio na vasilha forçava o mercúrio a subir no tubo, reduzindo o espaço no alto.

Estabelecer que o ar invisível tem massa foi um primeiro passo importantíssimo. A noção de que o espaço acima do líquido

O barômetro de Torricelli se compunha de um tubo de vidro numa vasilha de mercúrio.

CAPÍTULO 5

no barômetro estava vazio — um vácuo — era igualmente instigante para muitos observadores. Para contrapor-se à contestação de que o espaço vazio no tubo de Torricelli podia estar cheio de vapores do líquido, em 1646 o matemático e físico francês Blaise Pascal repetiu a experiência usando tubos de vinho e água, um ao lado do outro. Se o líquido evaporasse, o nível do vinho deveria ficar mais baixo do que o da água (por ser mais volátil), mas não.

O poder do nada

Boyle foi a primeira pessoa a investigar os gases com algum rigor. Na verdade, suas primeiras experiências foram com gases — ou melhor, sem gases, mas com o vácuo deixado por sua remoção.

Com a ajuda de seu assistente Robert Hooke, Boyle construiu uma bomba de vácuo, aparelho que conseguia extrair todo o ar de uma campânula de vidro por meio de um pistão. (Não era invenção dele; em 1657, Boyle leu a respeito de uma "bomba de ar" semelhante produzida pelo cientista alemão Otto von Guericke.) Boyle publicou o resultado de suas experiências com

> **CAVALOS SELVAGENS NÃO CONSEGUEM SEPARÁ-LOS**
>
> Otto von Guericke encenou uma demonstração dramática de sua bomba de ar e do poder do vácuo produzido por ela. Ele usou os "hemisférios de Magdeburg", dois hemisférios de cobre com 50 cm de diâmetro, que se encaixavam com perfeição. Coberta de graxa, a junção era hermética. Com grande despesa, von Guericke comprou doze cavalos e mostrou que nem sua força de tração conseguia agir contra o vácuo e separar os hemisférios depois que o ar fosse retirado deles.

Demonstração do poder do vácuo: seis parelhas de cavalos não conseguem separar os hemisférios de Magdeburg de von Guericke.

O NADA AÉREO

ela em 1660 sob o título *New Experiments Physico-Mechanicall, Touching the Spring of the Air, and its Effects* (Novas esperiências físico-mecânicas relativas à mola do ar e seus efeitos). Com a bela expressão "the Spring of Air" (em inglês, *spring* significa fonte, primavera e mola, entre outras coisas) ele queria dizer "pressão". Boyle e seus colegas da recém-fundada Royal Society fizeram experiências com a bomba de vácuo para descobrir os efeitos que a remoção do ar teria sobre o mercúrio de um termômetro, uma vela acesa e (inevitavelmente) um camundongo vivo.

Boyle tinha certeza de que, quando bombeava o ar para fora da campânula de vidro, produzia-se um vácuo, mas nem todos se convenceram. Como Aristóteles decretara a impossibilidade do vácuo total quase dois mil anos antes, havia considerável relutância em aceitar que poderia haver um espaço onde absolutamente nada existisse. Uma racionalização apresentada pelo filósofo Thomas Hobbes (1588-1679) foi que, quando Boyle puxava o êmbolo do pistão, isso aumentava a pressão fora do recipiente, e minúsculas partículas de fluido (gás), semelhantes a enguias, conseguiam passar pela parede de vidro da campânula. Tanto Boyle quanto Hobbes concordavam que a diferença de comportamento de sólidos e fluidos podia ser explicada pelo tamanho e formato de suas partículas. Era claro que a campânula não continha o ar de antes, mas Hobbes achava que tinha de conter *alguma coisa*. Como essa coisa era feita de partículas muito refinadas, minúsculas e escorregadias, ele achava que devia ser éter — o quinto elemento superrefinado que, segundo Aristóteles, ocupava as esferas celestes e tudo o que não fosse ocupado por outras coisas. Mas Boyle confiava nas provas de seu trabalho experimental e

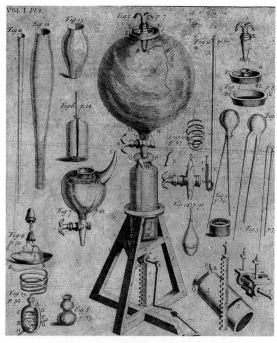

A primeira bomba de ar de Boyle. A esfera no alto era de vidro, permitindo observar as experiências no vácuo.

> **PARA ONDE VAI?**
>
> Havia objeções à ideia do vácuo por várias razões. Alguns achavam inconcebível que pudesse haver um volume fixo que não contivesse nada; como "nada" pode ter dimensões? Outros sentiam que o universo exterior teria de se expandir no volume da campânula esvaziada, e isso era ridículo. Hobbes se preocupava com toda a ideia de coisas invisíveis e inexplicáveis e queria manter as entidades misteriosas fora da ciência. Ele defendia que não há nenhum tipo de substância incorpórea e que até Deus é corpóreo.

O interesse pelos gases se espalhou além do laboratório. Os irmãos Montgolfier aproveitaram o comportamento dos gases para erguer seu balão de ar quente em 1782.

continuou a afirmar que criara um vácuo, um espaço que não continha nada.

A "mola do ar"

Boyle fez experiências com a pressão e o volume do ar e formulou a lei de Boyle em 1662. Ela determina uma relação inversa entre a pressão e o volume de um gás em temperatura constante. A pressão exercida por uma massa fixa de gás em temperatura constante num sistema fechado se reduz quando o volume aumenta e vice-versa. A lei de Boyle pode ser expressa como:

$$PV = k$$

onde P é pressão, V é volume e k é uma constante; o produto da multiplicação de pressão por volume permanecerá o mesmo num sistema fechado. A lei também pode ser expressa como:

$$P_1 V_1 = P_2 V_2$$

para comparar a mesma massa de gás em dois conjuntos de condições diferentes. Pode parecer mais física do que química, mas esse foi um ponto de partida essencial para a química pneumática.

Mais do que um ar

Não era nada aparente que há mais de um tipo de gás no ar — ou mesmo que possa haver mais do que um gás. Parece estranho que, embora desde a antiguidade se soubesse que o "ar" insalubre das minas podia envenenar, ninguém pensasse numa teoria de gases separados. Mesmo quando ficou óbvio que havia mais de um tipo de gás, esses tipos eram considerados variantes do ar.

A primeira pessoa a sugerir que o ar tem mais de um componente foi o polímata italiano Leonardo da Vinci. Ele notou que, de alguma forma, o ar é consumido pela respiração e também por uma vela acesa — mas não desaparece de todo. Sua conclusão foi que o ar contém pelo menos dois ingredientes. Como sempre, a obra de Da Vinci foi preservada em seus cadernos e não publicada, e assim não contribuiu para o debate intelectual.

O alquimista polonês Michał Sędziwój ou Sendivogius (1566-1636) também descobriu que o ar não é uma substância única e inclui um componente que permite a vida. Ele identificou esse "alimento da vida" como o mesmo gás liberado quando se aquece salitre (nitrato de potássio), descoberta revelada em seu livro *A nova*

O NADA AÉREO

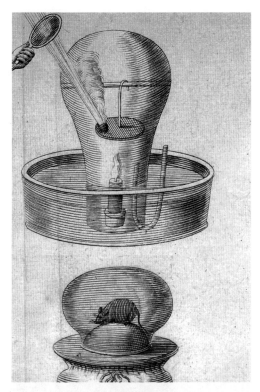

A experiência de Mayow demonstrou que a respiração e a queima usam o mesmo componente do ar.

A experiência de Van Helmont foi repetida e investigada durante mais de 150 anos. Em 1674, o físico inglês John Mayow (1641-1679) usou uma variante para demonstrar que somente uma parte do ar é combustível ou usada na respiração, mas dessa vez a investigação foi quantitativa. Ele pôs um camundongo ou uma vela acesa num recipiente fechado sobre a água e aguardou até que viesse o fim inevitável; então, mediu a subida do nível d'água. Ele descobriu que cerca de um quatorze avos do volume do ar fora removido pela vela ou pelo camundongo, demonstrando não só que a vela e o camundongo usam o mesmo componente como também que o ar é feito de mais de um tipo de gás e que um tipo representa cerca de um quatorze avos da composição total. Ele chamou a parte consumida, de modo bastante confuso para nós, de *spiritus nitroaereus*.

O "alimento da vida" de Sendivogius foi finalmente isolado em 1772 ou 1773 pelo boticário sueco Carl Wilhelm Scheele e em 1774 pelo químico inglês Joseph

luz química, de 1604. Ainda se passariam 170 anos até que os principais químicos europeus fizessem a mesma descoberta e isolassem e batizassem o oxigênio.

O alimento da vida

Van Helmont, como Leonardo e Sendivogius, descobriu que o ar é mais complexo do que parece. Ele pôs uma vela acesa no meio de uma bandeja larga cheia d'água e emborcou um frasco de vidro sobre a vela, a boca descansando na água. Dali a algum tempo, a vela se apagou. O nível da água dentro do frasco subiu, o que Van Helmont explicou dizendo que parte do ar foi consumida e que o espaço que ocupara agora se enchera com a água que entrara para substituí-la.

As pessoas usam o fogo desde a época Pré-histórica, mas compreendê-lo foi um desafio.

CAPÍTULO 5

Priestley. Scheele descobriu que aquecer o óxido de manganês até ficar em brasa produzia algo que chamou de "ar de fogo" pelas fagulhas brilhantes que produzia em contato com o pó quente de carvão. Ele descobriu que conseguia o mesmo "ar de fogo" aquecendo nitrato de potássio, óxido de mercúrio e até muitas outras substâncias. Infelizmente, embora fizesse anotações meticulosas das experiências, Scheele demorou a publicá-las. Priestley divulgou seus resultados primeiro e, em geral, recebe o crédito por isolar o oxigênio e ligá-lo à combustão e à respiração.

Fogo e ar

Dos antigos elementos, ar, água e terra eram fáceis de associar a elementos genuínos: os gases, os líquidos e os sólidos (predominantemente metais e minerais) que nos cercam. Mas o fogo foi um enigma para os primeiros químicos. É um agente transformador, não pode ser isolado por si só e sempre é encontrado atuando sobre outra matéria. Os químicos começaram a pensar de forma mais científica sobre o fogo no século XVI.

Aumento de peso

É claro que, em geral, as coisas que se queimam diminuem. Podem se reduzir a cinzas e, em geral, pesam menos do que antes de queimadas. Isso indica que, na queima, algo se perde. Mas há o caso curioso dos óxidos metálicos. Alguns metais formam óxidos quando queimados e acabam pesando mais do que antes. O físico italiano Giulio Cesare della Scala sugeriu, em 1557, que o ganho de peso do chumbo queimado e do ferro enferrujado podia estar relacionado e que, em ambos os casos, a causa seria a absorção de algumas partículas do ar. Mas não havia arcabouço teórico para explicar isso, e a ideia não avançou.

Em vez disso, Boyle sugeriu que algo da chama se acrescentava ao metal queimado: "[a] própria chama pode ser, por assim dizer, incorporada a corpos sólidos e próximos, de modo a aumentar seu peso e volume". Ele pesou o metal, selou-o num recipiente de vidro e o expôs à chama. Depois, quebrou o recipiente e pesou o conteúdo, descobrindo que a massa aumentara. Ele sugeriu que "partículas ígneas" da chama poderiam penetrar no vasilhame de vidro.

Flogístico fogoso

Georg Stahl (1660-1734) desenvolveu essa ideia na teoria do flogístico. Ele afirmava

A teoria do flogístico de Stahl pôs os químicos no caminho errado.

O NADA AÉREO

> *"O flogístico deveria transmitir leveza absoluta aos corpos com os quais se combina, suposição à qual não estou disposto a recorrer, embora seja uma solução fácil para a dificuldade."*
> Joseph Priestley, 1774

que o flogístico é um princípio sutilíssimo (fino) que se combina com a matéria e está presente em todos os materiais inflamáveis; é liberado na queima. Seu nome vem do grego e significa "inflamável". Quanto mais flogístico a substância contém, menos resíduo sobra quando ela é queimada. Portanto, algo como papel, que se reduz a uma cinza fina, contém muito flogístico.

Stahl acreditava que o flogístico:

- dá à matéria a característica de inflamabilidade
- é liberado no ar quando a matéria é queimada
- não pode ser percebido por si só
- dá ao fogo o poder de movimento, e esse movimento é circular
- é a base da cor
- não pode ser destruído e não pode escapar da atmosfera, portanto a quantidade fixa de flogístico é constantemente reciclada
- é necessário para algo queimar, assim como o ar
- é abundante em substâncias muito inflamáveis, como o óleo.

Ele afirmou outra coisa que nos parece esquisita: aquecer um óxido metálico *acrescenta* flogístico e assim restaura o metal original. Ao que parece, ele achava que o flogístico não tinha massa e só fala nele como um "princípio", nunca como uma forma de matéria.

O médico alemão Johann Juncker notou que, quando o metal é queimado, sua massa aumenta (pois forma-se um óxido) e sugeriu que o flogístico poderia ter massa negativa. Priestley, entre outros, não se convenceu com esse último argumento, embora aceitasse o princípio geral do flogístico.

Logo o flogístico foi envolvido na respiração, pois ficou claro que objetos em chamas e camundongos respirantes tinham relação semelhante com o ar. A teoria era que, como as coisas inflamáveis contêm flogístico, queimá-las o libera no ar; as plantas e animais que respiram parecem fazer a mesma coisa. Não se pensou — como hoje sabemos que acontece — que algo do ar é consumido e que algo é liberado nele. O modelo estava totalmente ao contrário e precisou de certo esclarecimento. Isso apesar de Mayow e Van Helmont sugerirem a situação correta: que a respiração e a queima tiram a mesma coisa

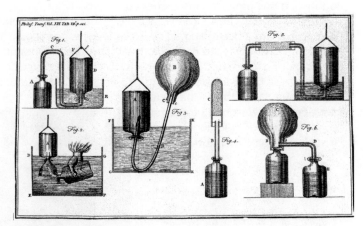

Equipamento imaginado por Cavendish (ver a página 97) para prender, mover e medir gases produzidos nas experiências descritas nos artigos que publicou em 1766.

CAPÍTULO 5

do ar. Nenhum dos pontos de vista dá uma descrição completa, é claro; algo do ar é consumido e algo lhe é acrescentado — mas não flogístico.

"Ar inflamável"

Houve até um candidato a flogístico.

É provável que o primeiro a ser isolado tenha sido um gás que não ocorre naturalmente na atmosfera por si só em quanti-

> **ERROS PRODUTIVOS**
>
> Priestley não conseguiu encontrar ninguém para ilustrar um de seus trabalhos e aprendeu a desenhar em perspectiva. No processo, descobriu que a borracha da Índia pode ser usada para apagar traços a lápis. Ele registrou a descoberta no prefácio do livro.

JOSEPH PRIESTLEY (1733-1804)

Joseph Priestley tem a distinção incomum de ser o único químico a dar nome a um tumulto — que resultou de suas crenças político-religiosas impopulares e o fez fugir da Inglaterra para os Estados Unidos na década de 1790.

Nascido numa família de classe média de Yorkshire, na Inglaterra, Priestley foi uma criança inteligentíssima. A família esperava que se tornasse ministro calvinista, e ele estudou latim, grego e hebraico, acrescentando mais tarde francês, italiano, alemão, árabe e aramaico. Uma doença grave deu fim às esperanças de ministério e calvinismo; ele ficou gago e se tornou unitário depois de perder as esperanças de ter o tipo de experiência espiritual que confirmaria que ele era um dos eleitos. Seus fortes sentimentos religiosos o levaram a escrever tratados teológicos; durante a vida inteira, o interesse pela química foi paralelo à atividade filosófica.

Seu primeiro trabalho científico foi sobre eletricidade, incentivado por Benjamin Franklin, mas ele se voltou para os gases na década de 1770. Priestley construiu um "cocho pneumático", equipamento descrito pela primeira vez em 1727 pelo botânico Stephen Hales, que lhe permitia recolher sobre a água os gases produzidos por reações. Ele identificou oito gases novos, mais do que qualquer outro cientista. Era partidário da teoria do flogístico, o que provocou discussões com Lavoisier.

Priestley apoiou a Revolução Francesa e a Guerra de Independência americana, prevendo que levariam à derrubada de todos os regimes terrenos e apressariam a chegada do Milênio de Cristo previsto na Bíblia. Essa opinião era impopular, e, em 1791, sua casa e seu laboratório foram destruídos por uma multidão enraivecida nos quatro dias de revolta muitas vezes chamados de Tumultos de Priestley. Nos Estados Unidos, ele tentou criar uma comunidade-modelo na Pensilvânia. Embora seu sonho utópico não tenha se realizado, ele construiu um lar suntuoso com laboratório.

O quadro de Ernest Board, pintado em 1912, imagina o momento em que Priestley, jogando gamão, ouve os revoltosos se aproximarem de sua casa.

dade perceptível: o hidrogênio. Paracelso deve tê-lo descoberto no século XVI porque produziu por experimentação algo que chamou de "ar inflamável". Mas em 1671 Boyle foi a primeira pessoa a documentar a geração de hidrogênio num experimento passível de repetição.

Ele descobriu que, numa solução diluída de ácido, a limalha de ferro produz bolhas de um gás que ele podia recolher quando surgem com um tubo d'água emborcado. Mesmo assim, coube ao químico inglês Henry Cavendish (1731-1810), quase um século depois, reconhecer que essa é uma substância separada e diferente do ar. Em 1766, ele o chamou de "ar inflamável" e desconfiou que fosse flogístico. Lavoisier o chamou de "hidrogênio" em 1783.

Queima e respiração

O fato de a queima e a respiração terem efeito semelhante sobre o ar indicava um vínculo entre elas, e os químicos logo o exploraram. Ao lado de Lavoisier, a pessoa mais envolvida na investigação dos gases no século XVIII foi Joseph Priestley.

Fraturar o ar

Em 1774, Priestley descobriu que, se pusesse uma pelota de óxido mercúrico num recipiente selado e o aquecesse com a luz do sol concentrada por uma lente, a pelota produzia um gás que era "cinco ou

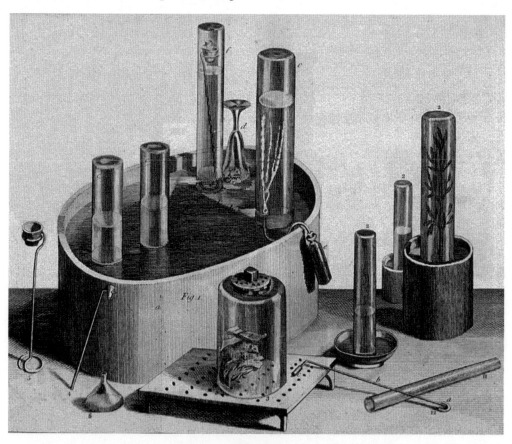

O cocho pneumático e outros equipamentos usados por Priestley.

As experiências de Lavoisier com os gases da respiração foram cuidadosamente registradas pela esposa, que se incluiu nessa imagem (na extrema direita).

seis vezes tão bom quanto o ar comum" para manter a vela acesa ou o camundongo vivo. Isto é, ambos continuariam a arder/respirar por cinco ou seis vezes mais tempo do que no ar normal.

Ele identificou esse supermega-ar como "ar desflogisticado", porque acreditava que era ar do qual o flogístico fora removido. Como não continha flogístico, ele afirmava que poderia sustentar muita queima ou respiração antes de se saturar. Depois de saturado, o ar não podia mais absorver flogístico, e a respiração ou queima não podiam continuar: o camundongo morreria, a vela se apagaria.

As consequências foram imensas: "o ar não é uma substância elementar, mas uma composição", escreveu Priestley, derrubando a noção do ar como elemento que, durante mais de dois mil anos, praticamente não foi questionada. Finalmente, o ar continha pelo menos uma porção respirável e algum flogístico.

Inevitavelmente, Priestley inalou um pouco do "ar desflogisticado" e relatou bons efeitos: "A sensação dele em meu pulmão não teve diferença perceptível do ar comum, mas imaginei que meu peito ficou especialmente leve e tranquilo algum tempo depois. Quem sabe se, com o tempo, esse ar puro chegue a se tornar um artigo de luxo da moda. Até agora, apenas dois camundongos e eu tivemos o privilégio de respirá-lo."

Priestley visitou a Europa continental e se encontrou com Lavoisier, a quem contou sua experiência com o ar desflogisticado. Lavoisier fora aluno de Guillaume-François Rouelle, que levara para a França a teoria do flogístico de Stahl e, assim, já a conhecia — mas não era fã. Nem a queima nem a respiração liberam

O NADA AÉREO

A ideia de Priestley de que, "com o tempo, esse ar puro chegue a se tornar um artigo de luxo da moda" se realizou nos "bares de oxigênio" do século XXI.

flogístico, argumentou ele, mas ambas exigem o "ar" especial que Priestley isolara. Lavoisier propôs que o ar teria dois ingredientes normais (nenhum deles tão pouco ortodoxo quanto o flogístico). E sugeriu que um deles é essencial para a respiração e se combina com os metais; o outro causa asfixia e não sustenta a queima. O primeiro ele descreveu como "eminentemente respirável" e explicou que se combina com um metal ou substância orgânica em combustão. Dois anos depois, em 1776, ele o chamou de *oxygène*, das palavras gregas que significam "gerador de ácido" (porque ele acreditava, erradamente, que todos os ácidos contêm oxigênio).

Em 1783, Lavoisier refutou enfaticamente a teoria do flogístico, dizendo que era "imaginário" e "um verdadeiro Proteu que muda de forma a cada instante". Ele

BOLHAS E CERVEJA

Em 1767, Joseph Priestley foi nomeado ministro de uma paróquia perto de Leeds, na Inglaterra. Ele passou bastante tempo na cervejaria local investigando o processo de fabricação, que produzia um gás que ele desejava recolher e usar em suas experiências — o "ar fixado" descrito por Joseph Black (dióxido de carbono). Finalmente, ele foi expulso da cervejaria quando, sem querer, contaminou uma dorna de cerveja com alguns produtos químicos — mas não antes de descobrir como fazer água gaseificada. Priestley publicou suas instruções em 1772 num panfleto intitulado Instruções para impregnar água com ar fixado. Ele não tentou comercializar sua invenção, mas Johann Jacob Schweppe o fez e acabou ganhando uma fortuna com a venda de água carbonatada (gasosa).

O paraíso das bolhas: anúncio de Schweppes da década de 1930.

99

CAPÍTULO 5

sabia que sua rejeição seria impopular, e admitiu que seus contemporâneos "só adotam novas ideias com dificuldade". Ainda assim, em 1791 ele teve o prazer de relatar que "todos os jovens químicos adotam a teoria" de sua explicação alternativa.

Depois de descobrir que o camundongo respirante ou a vela em chama podiam exaurir o ar de modo que nem a chama nem o camundongo pudessem nele sobreviver, Priestley fez outra descoberta importante. Ele descobriu que, se pusesse uma planta verde no recipiente, ela renovava o ar, de modo que a chama ou o camundongo podiam usá-lo de novo. Sua conclusão foi o primeiro passo para o reconhecimento da fotossíntese e de todo o equilíbrio da vida animal e vegetal no planeta: "Talvez o mal continuamente feito por um número tão grande de animais seja, pelo menos em parte, reparado pela criação vegetal."

Desvendado o dióxido de carbono

Talvez surpreenda que o dióxido de carbono tenha sido descoberto antes do oxigênio. Embora represente apenas uma pequena porção da atmosfera, é fácil produzir o dióxido de carbono em experiências e procedimentos muito simples, e foi assim que os primeiros químicos encontraram seus gases.

O dióxido de carbono foi descoberto em 1754 pelo químico escocês Joseph Black. Ele descobriu que, se aquecesse carbonato de cálcio, produzia-se um gás pesado que não sustentava a chama nem a respiração de um animal. Ele o chamou de "ar fixado" porque podia ser "fixado" (absorvido) por bases fortes (substâncias químicas opostas aos ácidos).

O dióxido de carbono tem mais usos no mundo do que fazer bebidas gasosas. O mais importante deles foi descoberto pelo fisiologista e químico holandês Jan Ingenhousz, que repetiu a experiência do camundongo de Priestley em 1778. Ingenhousz demonstrou que a planta precisa de sol para fazer sua mágica no ar. Quase vinte anos depois, em 1796, o botânico suíço Jean Senebier mostrou que, em presença da luz do sol, uma planta verde absorve dióxido de carbono e libera oxigênio.

E o resto...

A maior parte do ar normal, cerca de 78% da atmosfera da Terra, se compõe de nitrogênio, descoberto em 1772 pelo médico escocês Daniel Rutherford, aluno de doutorado de Black. Rutherford usou três métodos para "flogisticar" o ar: fechou um camundongo num vidro até morrer, acendeu uma vela no vidro até se apagar e queimou fósforo no vidro até não queimar mais. Em cada caso, ele passou o gás resultante por água de cal para remover o "ar fixado". Ele descobriu que o gás remanescente não sustentava a vela nem outro pobre camundongo. Mas, ao contrário do dióxido de carbono, não era solúvel em água nem em álcalis (soluções de bases). Ele o chamou de "ar nocivo" e registrou que era mais leve do que ar normal e não podia ser decomposto por "nenhuma outra causa da diminuição do ar que eu tenha conhecimento".

Parece que Scheele também descobriu o nitrogênio em 1772, mas só publicou seus achados em 1777 (ele cometeu o mesmo erro com a descoberta do oxigênio, mas não aprendeu com a experiência infeliz). Ele o chamou de "ar gasto" e constatou que ocupava entre dois terços e três quartos do volume de ar com que tinha começado.

O mundo devia estar cheio de gente fazendo experiências com gases sem publicar os resultados, pois parece que Ca-

O NADA AÉREO

Na Terra, o nitrogênio é um gás, mas na lua Tritão de Netuno, com temperaturas próximas de −236°C, ele é sólido. Cinquenta e cinco por cento da crosta de Tritão são gelo de nitrogênio.

vendish também descobriu o nitrogênio — ou "ar queimado" — um pouco antes de 1772. Ele passou o ar várias vezes sobre carvão em brasa para remover o oxigênio e depois o fez borbulhar por uma solução de hidróxido de potássio para remover o dióxido de carbono. E descobriu que seu "ar queimado" era um pouquinho mais leve do que o "ar comum" e incapaz de manter uma vela acesa.

Ares compostos ou misturados?

A próxima pergunta a fazer era se os ares diferentes da atmosfera estavam simplesmente misturados ou se formavam um ou mais compostos químicos. Não foi visível de pronto como os químicos conseguiriam saber a diferença.

Gases repulsivos

O químico inglês John Dalton (1766-1844) desenvolveu um interesse precoce pela meteorologia e fez registros do clima durante cinco anos. Isso o levou a pensar nos gases. Ele defendia que o ar é uma mistura de gases, que cada um existe em seu próprio estado livre e que os gases do ar não estão quimicamente combinados.

CAPÍTULO 5

> **COMPOSTOS E MISTURAS**
>
> Os químicos reconhecem duas maneiras de unir materiais.
>
> Num composto, ligações químicas se formam entre os átomos, criando uma nova substância a partir de uma ou mais substâncias originais. A nova substância é homogênea, formada de moléculas que são todas iguais. Por exemplo, quando sódio e cloro se combinam, o resultado são novas moléculas de cloreto de sódio ou sal de cozinha, que tem propriedades químicas próprias, distintas das de seus componentes separados.
>
> Numa mistura, duas (ou mais) substâncias estão juntas mas não reagem entre si. Nenhuma ligação química nem moléculas novas se formam. As substâncias podem ser separadas (embora às vezes com dificuldade prática). Um exemplo seria misturar areia e limalha de ferro. Nenhum composto novo se forma, e a limalha de ferro pode ser removida, sem alteração, com o uso de um ímã.

E se perguntava por que, se só estão misturados, os gases não se separavam em camadas, com os mais pesados perto do chão e os mais leves flutuando acima. Sua solução foi engenhosa. Ele concluiu que as partículas do gás se repelem umas às outras e se espalham o máximo possível, apoiando os achados de Newton e Boyle relativos à pressão e ao volume. Mas, em vez de todas as partículas repelirem todas as outras, ele propôs que cada tipo de partícula de gás só repele seu próprio tipo. Assim, o resultado seria uma bela mistura homogênea de gases, qualquer que fosse a massa das partículas — o que é exatamente o que vemos.

Essa conclusão levou Dalton à teoria das pressões parciais, que afirma que a pressão total exercida por uma mistura de gases é a soma da pressão exercida por todos os diversos gases da mistura. Como gases diferentes têm pressão parcial diferente, o que indica que alguns repelem suas partículas com mais vigor do que outros, Dalton teve de concluir que as partículas têm tamanhos diferentes. Isso levou à ideia de que os átomos de cada elemento são exclusivos daquele elemento. Isso, por sua vez, foi a base de sua teoria atômica (ver a página 116).

Nem todo ar

Embora os gases que primeiro chamaram a atenção fossem, previsivelmente, os do ar, no século XIX veio à tona que, com certeza, eles não eram os únicos. Há outros elementos gasosos e muitos gases compostos.

Gases halogênios

O químico sueco Carl Scheele descobriu o cloro em 1774 quando combinou ácido hidroclorídrico e pirolusita (dióxido de manganês, $MnO2$). Ele achou que o gás era um composto que continha oxigênio, mas Humphry Davy começou a investigá-lo em 1807 e descobriu que era um elemento (ver a página 182). Assim como o físico francês André-Marie Ampère, Davy também propôs a existência do flúor, mas não conseguiu extraí-lo. Como elemento mais reativo de todos, é dificílimo isolar o flúor. Muitos químicos se feriram tentando extraí-lo do ácido hidrofluorídrico (como o próprio Davy, Gay-Lussac, Thénard e Thomas e George Knox). Pelo menos dois morreram (Paulin Louyet e Jérôme Nicklès). Finalmente, com muito esforço (e alguns ferimentos), ele foi isolado por Henri Moissan em 1886, obra pela qual recebeu dez mil francos e um Prêmio Nobel (em 1906).

O NADA AÉREO

Gases raros

Os gases raros ou nobres formam a última coluna da Tabela Periódica (ver a página 130). Chamados "nobres" por serem praticamente inertes e raramente reagirem com outros elementos, foram descobertos pelo químico escocês William Ramsay no fim do século XIX.

Quando Cavendish isolou o nitrogênio, uma bolha minúscula que não era nitrogênio permaneceu em seu equipamento de coleta. Não era muito grande, e sua presença foi ignorada por cerca de um século. Cavendish também descobriu que o nitrogênio que resta no ar quando tudo o mais era removido era um pouquinho mais denso, cerca de 0,5%, do que o nitrogênio derivado de reações químicas. Lorde Rayleigh, professor de Física Experimental da Universidade de Cambridge, fez a mesma descoberta em 1894 e pediu ajuda a Ramsay para investigar. Eles passaram o nitrogênio atmosférico sobre magnésio em brasa, fazendo o nitrogênio reagir com o magnésio para formar nitreto de magnésio e deixando o componente a mais. Descobriram que tinham isolado um gás tão pouco reativo que não respondia nem ao flúor; Ramsay o descreveu como "um corpo de uma indiferença espantosa". Eles o anunciaram em 1895 como novo elemento e o chamaram de argônio, com base na palavra grega que significa "ocioso".

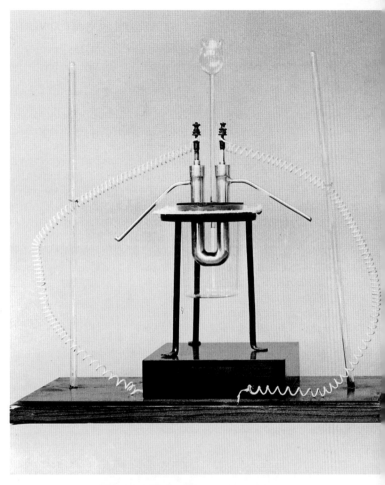

Réplica do equipamento de Moissan para extrair flúor com a eletrólise de uma solução de fluoreto de hidrogênio e potássio.

Depois, Ramsay descobriu o hélio, previamente identificado no Sol em 1868 por espectroscopia (ver a página 183) mas nunca encontrado na Terra. Então, ele teve certeza de que havia uma coluna inteira de gases raros a ser descoberta, mas a ideia foi recebida com hostilidade por outros químicos. Sob o massacre, Rayleigh recuou, mas Ramsay persistiu e foi recompensado não só com mais gases nobres (neônio, xenônio, radônio e criptônio) como com um Prêmio Nobel em 1904.

CAPÍTULO 5

OS GASES PODEM SER DIVERTIDOS

Joseph Priestley descobriu o óxido nitroso (N2O) em 1772, ao permitir que o óxido nítrico (NO) entrasse em contato com água e limalha de ferro:

$$2NO + H_2O + Fe \rightarrow N_2O + Fe(OH)_2$$

Em 1798, o jovem químico inglês Humphry Davy foi empregado para investigar o óxido nitroso e seus possíveis usos. Ele publicou seu longo texto sobre o gás e sua história em 1800, quando tinha apenas 21 anos. Nele, observou: "Como o óxido nitroso parece capaz de destruir a dor física, talvez possa ser usado com proveito em operações cirúrgicas nas quais não ocorra grande efusão de sangue." Infelizmente, a recomendação foi ignorada por mais de quarenta anos, até 1844. O alívio da dor não era a preocupação de Davy; ele estava interessado nas ligações químicas. Mas isso não o impediu de aproveitar os frutos de sua pesquisa. Ele e seus amigos usavam o óxido nitroso com fins recreativos, inalando-o em bolsas de seda oleada em festas. O gás também era usado em espetáculos teatrais. O jornal *The Times* noticiou em 1819 um desses espetáculos: "O óxido nitroso ou gás hilariante foi inalado por um cavalheiro que, depois de rir, pulou no ar na altura espantosa de seis pés [1,80 m] do chão."

O óxido nitroso tornava as festas divertidas no início do século XIX.

Ramsay aponta a coluna de gases raros na Tabela Periódica.

A surpresa da água

Já se sabia que os gases podiam formar compostos sólidos com sólidos; a formação de óxidos era a prova. Mas, em 1781, Henry Cavendish descobriu que, se pusesse fogo no "ar inflamável" (hidrogênio) em presença de ar comum, uma pequena quantidade de "orvalho" se formava nas paredes do vasilhame de vidro. Ele concluiu que parecia ser água comum. É difícil imaginar hoje como esse achado deve ter sido surpreendente e revolucionário. Afinal de contas, além de não ser um elemento, a água era também um líquido formado pela combinação de dois gases.

O NADA AÉREO

> **RICO E RECLUSO**
>
> Cavendish tinha uma personalidade estranha. Nascido rico e morto mais rico ainda, não se entregava a nenhum dos prazeres ou pecadilhos disponíveis a um cavalheiro do século XVIII. Em vez disso, ele dedicou toda a sua casa ao estudo da química, transformando a sala de visitas em laboratório principal e outros cômodos em laboratórios menores, oficinas, uma forja e um observatório astronômico. Não gostava de companhia e, se alguém aparecesse para visitá-lo sem ser convidado, serviam-lhe apenas um pernil de carneiro e nada mais — se era na esperança de expulsar a visita ou por falta de imaginação para pensar em outra coisa, não se sabe. Ele recusou todos pedidos para pintar seu retrato, e só nos resta um esboço feito às pressas de maneira furtiva. Morreu sozinho, depois de dizer ao criado: "Vou morrer. Quando estiver morto, mas não antes, procure Lorde George Cavendish e lhe diga: Vá!" Seu entusiasmo pela química e seus meticulosos métodos quantitativos o levaram à descoberta do hidrogênio, da composição da água e da primeira sugestão de presença de gases nobres no ar atmosférico.

Cavendish explicou que um dos gases é água sobreflogisticada e o outro, água desflogisticada, e que combiná-los produz água adequadamente flogisticada. A explicação mais simples (e correta) de Lavoisier foi que a água se compunha dos dois gases. Como a combustão consiste em acrescentar oxigênio, este é metade da água, e o "ar inflamável" é a outra metade. A reação inteira era explicável sem recorrer ao flogístico.

Cavendish relatou que duas partes de hidrogênio se combinam com uma parte de oxigênio. As proporções foram demonstradas de forma conclusiva em 1800 pelo químico polonês Johann Ritter, depois de usar eletrólise para decompor a água nos gases que a compõem.

De volta aos gases

O estudo dos gases começou com a investigação do estado gasoso e não com os gases individuais. E voltou a ela no começo do século XIX, com trabalho que ligaria os gases à teoria atômica, tema do próximo capítulo.

Sobe mais

O químico francês Joseph Gay-Lussac (1778-1850) assumiu o estudo da pressão no ponto em que Boyle o deixara. Em 1801 e 1802, Gay-Lussac fez um estudo extenso do comportamento dos gases e concluiu que todos aumentam igualmente de volume com a mesma elevação de temperatura. Esse é um achado um tanto surpreendente (ou era, quando não se sabia exatamente quanto do volume do gás é espaço vazio), mas na verdade fora descoberto quinze anos antes por Jacques Charles, que não o publicou. Hoje, essa é a chamada lei de Charles.

CAPÍTULO 6

ÁTOMOS, ELEMENTOS E AFINIDADES

"É certo que todos os corpos, sejam quais forem, embora não tenham sentidos, têm percepção; pois quando um corpo é aplicado a outro, há um tipo de escolha de abraçar o que é agradável e de excluir ou expelir o que é ingrato; e quer o corpo altere, quer seja alterado, a percepção sempre precedeu a operação; pois senão todos os corpos seriam iguais uns aos outros."

Francis Bacon, 1620

No fim do século XVIII, Lavoisier definiu como elementos as substâncias que não podem ser decompostas, e Boyle falou de "corpos" simples que equivalem aos modernos átomos. Mas os dois ainda não tinham se unido.

Em Experiência com um pássaro na bomba de ar *(1768), Joseph Wright of Derby mostra Robert Boyle removendo o ar de uma campânula de vidro que contém um pássaro. O objetivo de Boyle era mostrar que o vácuo pode ser frio.*

CAPÍTULO 6

Átomos e elementos

Na química moderna, as noções de átomo e elemento são inseparáveis. Como a ideia de elementos, a de átomos foi proposta pelos antigos gregos há uns dois mil e quinhentos anos.

Átomos antigos

Os átomos propostos por Leucipo e Demócrito (ver a página 21) eram como os átomos "modernos" em certos aspectos e diferentes deles em outros. Dizia-se que eram de número infinito, de vários tamanhos e formatos. Eram sólidos, sem lacunas internas, e não podiam mais ser divididos (seu nome significa "incortável"). Eles se movem no vácuo infinito.

Quando entram em contato com outros, repelem-nos ou colidem e se emaranham, formando aglomerações presas por ganchos ou farpelas na superfície. Não podem ser destruídos nem gerados, são imutáveis e eternos. Todas as mudanças que vemos no mundo que nos cerca são produzidas por átomos que trocam de lugar e interagem entre si de várias maneiras.

A ideia de átomos enganchados é o primeiro modelo de ligação atômica. Ela atraiu o filósofo romano Lucrécio (99-*c*.55 a.C.), que descreveu materiais duros e densos como feitos de átomos que são "enganchados e têm de se manter unidos, porque soldados, em todos os aspectos, por átomos que, por assim dizer, têm mui-

Para explicar a viscosidade dos líquidos, Lucrécio sugeriu que os átomos de substâncias como o azeite seriam maiores ou fáceis de se emaranhar.

tos ramos". Ele sentia que a maioria dos líquidos era formada de partículas lisas e redondas que fluem e deslizam facilmente umas pelas outras, mas que fluidos mais viscosos, como o óleo, devem ter átomos que sejam "maiores ou mais enganchados e emaranhados".

Formas atômicas

Platão associava cada um dos quatro elementos a uma forma geométrica tridimensional perfeita (os sólidos platônicos) que ajudava a explicar as características e o comportamento do elemento. O fogo era identificado com o tetraedro, uma forma pontuda que produziria a sensação dolorosa da queimadura; o ar era o octaedro, pois suas muitas faces pequenas o deixavam mais próximo de uma esfera e permitia às partículas rolarem e deslizarem livremente; a água ele considerava icosaédrica, o próximo sólido mais próximo da esfera e que, portanto, podia fluir; e a terra, segundo ele, era feita de cubos, que podem se juntar densamente mas também se separam com facilidade, como as partículas de solo esfarelado.

O modelo de Platão também explicava a possível transformação dos elementos. Como as faces do tetraedro, do icosaedro e do octaedro são todas triângulos equiláteros, é possível amassar, quebrar e recombinar os elementos fogo, ar e água. Por exemplos, cinco partículas de fogo podem se combinar para fazer partículas de ar, ou uma partícula de ar pode se decompor em cinco partículas de fogo. Só o cubo não tem faces triangulares, e assim a terra não participa de nenhuma transformação.

Átomos na França

Parece que ninguém pensou muito em átomos entre a época dos antigos gregos e o século XVII. Então, dois filósofos franceses, René Descartes (1596-1650) e Pierre Gassendi (1592-1655), puseram a mão no vespeiro — ou nas partículas com forma de enguia, como pensava Descartes.

Como vimos, Aristóteles supunha que algum tipo de matéria primária recebe "forma substancial" por meio de uma série de propriedades. A ideia foi desenvolvida nas universidades europeias da Idade Média e ainda predominava quando Descartes e Gassendi, separadamente, começaram a pensar sobre a natureza da matéria. Dizia-se que a matéria não tem qualidades específicas próprias e que atributos como formato, cor e textura lhe são conferidos pela forma que assume. Assim, a matéria incorporada a uma pena assumiria atributos diferentes da matéria incorporada a uma poça de lama ou a uma mesa. Descartes rejeitou esse ponto de vista: "Se achas estranho que eu não use as qualidades que se chamam calor, frio, umidade e secura [...] como fazem os filósofos, digo-te que,

Os quatro sólidos platônicos, associados (em sentido horário a partir do alto à esquerda) a fogo, terra, água e ar.

CAPÍTULO 6

para mim, essas qualidades precisam de explicação."

Ele considerava possível explicar todos os objetos inanimados por qualidades que pudessem ser empiricamente determinadas: "movimento, tamanho, formato e o arranjo de suas partes". Mesmo assim, ele não se afastava muito dos métodos escolásticos. Como eles, começou construindo um modelo metafísico e depois procurou no mundo físico indícios que o sustentassem — o oposto do método científico. Descartes chegou a criticar Galileu: "sem ter considerado as causas primeiras da natureza, ele meramente buscou as explicações de alguns efeitos específicos e, portanto, construiu sem alicerces".

Descartes achava que a matéria poderia ser infinitamente dividida e que forma um todo contínuo, sem espaços vazios. Mesmo assim, seu modelo tinha partículas. Os antigos gregos, que acreditavam no conceito de partícula, tiveram de aceitar o vácuo em que elas pudessem se movimentar. No entanto, Descartes queria chupar cana e assoviar; acreditava na noção de um universo lotado de matéria, mas frouxo o suficiente para permitir que partículas minúsculas se movessem através dele. Pense num tanque com peixes e girinos. A matéria é contínua, e algumas partes — os peixes e girinos — conseguem se movimentar através do resto dela (a água), que se fecha imediatamente atrás delas, assegurando assim que não haja lacunas.

Gassendi era um atomista mais tradicional e também criou o conceito de molécula. Ele defendia a ideia do vácuo usando os argumentos dos antigos, mas também fazendo referência às provas empíricas de sua época, como o barômetro, desenvolvido em 1643 (ver a página 89). Boa parte de seu argumento a favor da existência de átomos se baseia na tradição do debate filosófico, mas hoje suas conclusões ainda se sustentam: toda matéria compartilha algumas características fundamentais essenciais e são os átomos que fornecem essas características.

Numa linha de argumentação desenvolvida a partir de Lucrécio, Gassendi sugeriu que os átomos deviam ser duros (sólidos). Se fossem moles, não poderia haver objetos duros. Por outro lado, se os

A contribuição de René Descartes ao discurso intelectual variou da matemática e da astronomia à filosofia.

ÁTOMOS, ELEMENTOS E AFINIDADES

átomos fossem duros, a matéria com densidade menor de átomos poderia ser mole, pois há espaço entre os átomos para permitir que o objeto ceda. Essa arquitetura variável dos átomos também permite que as substâncias sejam permeáveis. Em última análise, ele estava menos preocupado com a discussão sobre a existência dos átomos e mais convencido de que o pressuposto de sua existência era a melhor hipótese de trabalho possível.

Para explicar a variedade de matéria que vemos, Gassendi postulou uma variedade de átomos. Em sua opinião, os átomos têm número limitado de tamanhos e pesos, mas grande variedade de formatos. Tendem naturalmente a se movimentar, resultado de terem peso. Em algum momento, a matéria passa de uma coleção de átomos ágeis e ativos aos objetos estacionários que nos cercam. Com o aumento de tamanho, eles desenvolvem inércia, pois os objetos não tendem a se mover sem uma boa causa. Gassendi é bastante eloquente ao falar do movimento dos átomos; eles são capazes de "desemaranhar-se, libertar-se, saltar, chocar-se com outros átomos, virá-los para outro lado, afastar-se deles e, similarmente, [têm] a capacidade de agarrar-se, de prender-se uns aos outros, de unir-se, de ligar-se com força". Nesta última expressão, ele propunha algo parecido com moléculas.

Gassendi fez das propriedades de Aristóteles — quente, frio, úmido e seco —

O alquimista Robert Fludd, ao escrever sobre a criação da Terra, sugeriu que aquecer o cristal produzia "um milhão de átomos sensíveis voando no ar". Ele considerava a Criação explicável em termos químicos. Embora ainda acreditasse nos elementos gregos originais, achava "provável que todas as coisas sejam feitas de átomos, como supuseram alguns filósofos".

quatro tipos de átomo. As partículas de calor eram pequenas e redondas; as de frio, pirâmides pontudas, e assim ele explicou por que o frio é cortante. Ele via luz/calor, som e magnetismo como atômicos. Achava que os átomos de luz ou calor (que considerava equivalentes) se moviam mais depressa do que os outros. Sua explicação da evaporação era que o espaço entre os átomos do líquido aumenta — explicação que um químico moderno aceitaria. Mas Gassendi achava que isso acontecia por-

CAPÍTULO 6

> ### ÁTOMOS FRIOS E QUENTES
>
> Ao falar de átomos de calor, Gassendi aproveitou a dica de Epícuro (341-270 a.C.) Ele explicou o calor como a presença de corpúsculos caloríficos e o frio como a presença de partículas frigoríficas.
>
> O processo de congelamento foi o campo de testes das teorias do calor no século XVII. Descartes, com seu modelo de matéria contínua, considerava que o gelo se forma quando a matéria etérea sai da água por seus "poros", paralisando-a como um sólido. Gassendi o explicava como resultado de partículas frigoríficas que entravam na água. O filósofo inglês Thomas Hobbes achava que as partículas que entravam na água eram apenas ar, mas sua presença entre as partículas de água impediam que a água se movesse. Outros acreditavam que partículas de algum tipo de sal se insinuavam entre as partículas de água, "fixando-as como pregos".
>
>
>
> Para refutar a tese de Hobbes de que o ar produz frio, Boyle realizou uma demonstração famosa com um pássaro no vácuo. Embora geralmente se pense que o objetivo era mostrar que o ar podia ser tirado do frasco e deixar um vácuo, em si uma questão contestada, na verdade a experiência buscava demonstrar que o frio pode existir no vácuo, portanto não havia necessidade de "corpúsculos frigoríficos". (De qualquer modo, o pássaro cairia no fundo do recipiente, pois não poderia voar sem ar para lhe dar sustentação, e teria sufocado — estava triplamente condenado.) A demonstração insensível finalmente resolveu a discussão de dez anos entre Hobbes e Boyle.

que os átomos de calor removiam parte dos átomos da substância, aumentando a razão entre vácuo e matéria. Ele explicava que os sólidos se dissolvem em líquidos quando a forma dos átomos é tal que um átomo de líquido e outro de sólido se travam.

De átomos a moléculas

Se forem relativamente poucos, os tipos de átomo não podem explicar a variedade da matéria, a menos que se combinem. E se os "princípios" não explicam as propriedades da matéria, outra coisa terá de explicar. Robert Boyle propunha o "corpuscularismo" e acreditava que a natureza da matéria e suas mudanças resultam das partículas e de seus movimentos e não da combinação de princípios. Em 1661, ele propôs algo próximo à ideia de átomos e moléculas que se combinam para formar compostos: "Certos corpos primitivos e simples, ou perfeitamente sem mistura, que, não sendo feitos de nenhum outro corpo nem um do outro, são os ingredientes dos quais todos aqueles corpos ditos perfeitamente misturados são imediatamente compostos e aos quais, em última instância, se reduzem."

União

Em 1704, Isaac Newton sugeriu um princípio que se tornou importantíssimo na química: "as partículas se atraem por al-

ÁTOMOS, ELEMENTOS E AFINIDADES

guma força, que, em contato imediato, é fortíssima, a pequenas distâncias realiza as operações químicas, e não se afasta muito das partículas com efeito perceptível." Esse foi o primeiro passo rumo ao entendimento de como os átomos se combinam em moléculas e, assim, como os elementos podem se combinar para formar compostos.

Os átomos e suas afinidades.

A noção de que há alguma forma de atração entre átomos de tipo diferente explicaria por que os elementos se unem para formar compostos. Mas Newton foi além disso. Ele sugeriu que havia uma hierarquia entre as substâncias e que algumas se disporiam mais do que outras a formar alianças. Isso foi aproveitado por Étienne Geoffroy, tradutor francês da Óptica, que, em 1718, publicou uma tabela de "afinidades" químicas mostrando as várias substâncias na ordem de seu entusiasmo por reagir entre si.

A primeira linha da tabela de Geoffroy (ver a página 114) é um cabeçalho com as espécies; abaixo, estão todas as substâncias que formarão afinidade (reagirão) com cada uma delas. Se tiver oportunidade,

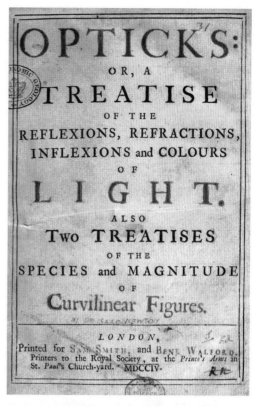

Frontispício da Óptica *de Newton (1704), em que ele apresentou ideias sobre uma hierarquia de substâncias.*

> *"E não é por falta de virtude atrativa entre as partes de água e óleo, de azougue e antimônio, de chumbo e ferro, que essas substâncias não se misturam; e por uma atração fraca que azougue e cobre se misturam com dificuldade; e por uma forte que azougue e estanho, antimônio e ferro, água e sais se misturam prontamente?"*
>
> Isaac Newton, Óptica, *1704*

uma substância substituirá qualquer outra abaixo dela na coluna. Por exemplo, a coluna 9 mostra que ferro, cobre, chumbo, prata, antimônio e mercúrio se combinarão com enxofre, o ferro tendo a maior afinidade. Durante o século XVIII, outros químicos refinaram e expandiram a tabela de afinidades.

Da afinidade à reação

A noção moderna de reação química, que começa com um conjunto de reagentes e termina com produtos, veio do estudo das afinidades e do desenvolvimento de tabelas de afinidades cada vez mais abrangentes. O químico escocês William Cullen usou

CAPÍTULO 6

A tabela de afinidades de Geoffroy mostra a sequência de reatividade de várias substâncias.

pela primeira vez um diagrama para mostrar o progresso de uma reação química. Em 1756, numa aula sobre afinidades na Universidade de Glasgow, ele usou chaves e uma seta para mostrar como a hierarquia de afinidades fazia uma substância química substituir outra num composto. Na representação da reação de Cullen, a chave mostra as substâncias químicas, e a seta indica a direção da afinidade (ver a tabela no alto da página ao lado). Os diagramas de Cullen parecem misteriosos porque ele usou os símbolos alquímicos das substâncias que discutia.

Com o passar do tempo, conforme as tabelas ficaram maiores e mais complexas, tornou-se claro que o sistema não permitia expansão infinita. A maior tabela foi produzida em 1775 pelo químico sueco Torbern Bergman, incluída como mapa dobrado em seu livro *Uma dissertação sobre atrações eletivas*. Com 59 colunas e 50 linhas, cobria milhares de reações possíveis e era difícil de usar. A tabela de Bergman listava 25 ácidos, 15 terras e 16 óxidos metálicos; a tabela original de Geoffroy continha apenas quatro ácidos, dois álcalis e nove metais.

A partir de 1770, ficou claro que a afinidade variava com a temperatura. Isso fez com que, logicamente, fossem necessárias tabelas diferentes para abranger as diversas temperaturas, complicando ainda mais um sistema já desajeitado. Era visivelmente necessário algum outro método para explicar e registrar a reatividade.

AFINIDADES ANTIGAS

Alberto Magno usou o conceito de "afinidade" no século XIII para explicar a probabilidade de reação das substâncias. Ele considerava que, quanto maior a afinidade entre substâncias, em termos de sua semelhança, similaridade de propriedades ou relações entre si, maior a tendência a reagir. A crença de que os iguais se associam vem desde os ensinamentos de Hipócrates, mas foi aplicada pela primeira vez à química prática por Magno.

ÁTOMOS, ELEMENTOS E AFINIDADES

N : A Prata	{⊕↘♀ / ☾↗	[Cu + 2AgNO₃ → Cu(NO₃)₂ + 2Ag ↓]
N : A Cobre	{⊕↘♂ / ♀↗	[Fe + Cu(NO₃)₂ → Fe(NO₃)₂ + Cu ↓]
N : A Ferro	{⊕↘Z / ♂↗	[Zn + Fe(NO₃)₂ → Zn(NO₃)₂ + Fe ↓]

No diagrama de Cullen, N:A representa o ácido nitroso. A sequência mostra que, numa solução de prata em ácido nitroso, o cobre substituirá a prata, fazendo a prata se precipitar (1ª linha); o ferro, então, substituirá o cobre (2ª linha); e o zinco substituirá o ferro (3ª linha).

A tabela de afinidades, grande e pouco prática, de Bergman.

AFINIDADES HUMANAS

Não é preciso um grande salto da imaginação para ver o potencial metafórico da tabela de afinidades. O princípio de que, quando aparece, uma substância com maior afinidade por um dos parceiros de um relacionamento substitui a outra pode se aplicar prontamente a relacionamentos sociais ou românticos. O cientista, polímata e escritor alemão Johann Goethe usou a tabela de afinidade de Bergman como base de uma novela em que isso acontece, com os relacionamentos sociais sujeitos ao fluxo conforme pessoas com afinidade maior com os incumbidos por uma situação surgem em cena. A novela *As afinidades eletivas* foi publicada em 1809. Goethe admitiu abertamente que era baseada na tabela de Bergman.

CAPÍTULO 6

Átomos em foco

Um novo método logo surgiria, com mudanças radicais na química. Na Inglaterra, John Dalton voltou-se para o problema dos átomos e esclareceu dois campos ao mesmo tempo, mas seu trabalho não foi recebido de braços abertos pela comunidade química.

> "Pode-se constatar que a matéria, em última análise e em essência, é a mesma, diferindo apenas no arranjo de suas partículas, ou que duas ou três substâncias simples podem oferecer todas as variedades de corpos compostos."
> Humphry Davy, 1812

Uma nova teoria atômica

Dalton fez a primeira tentativa de explicar a natureza de toda a matéria por meio de uma teoria coerente e abrangente dos átomos.

A teoria atômica de Dalton tem quatro partes. Basicamente, as quatro ainda se sustentam e, com algumas restrições, formam a base de toda a química moderna:

- Toda a matéria é feita de átomos, que são indivisíveis.
- Todos os átomos de um dado elemento são idênticos em massa e propriedades.
- Os compostos são combinações de dois ou mais tipos diferentes de átomos.
- A reação química envolve o rearranjo dos átomos.

John Dalton foi pioneiro no desenvolvimento da moderna teoria atômica.

ÁTOMOS, ELEMENTOS E AFINIDADES

Continua a ser verdade que os átomos são indivisíveis por meios químicos, mas eles se decompõem no decaimento radioativo e na fissão nuclear. Em geral, os átomos de um dado elemento são idênticos em massa e propriedade, mas os elementos têm formas diferentes chamadas isótopos, com as mesmas propriedades químicas mas massa atômica um pouquinho diferente (eles diferem no número de nêutrons do átomo).

Dalton descreveu os átomos como "partículas móveis, impenetráveis, duras, maciças e sólidas", que permaneciam teóricas; ele não tinha como demonstrar sua existência. Como são indivisíveis, só podem se combinar para formar compostos em razões que sejam números inteiros. A água tem de ser escrita como H_2O e não como $HO_{0,5}$ porque meio átomo é impossível (embora Dalton achasse que devia ser representada como HO).

Em 1803, numa série de palestras na Royal Institution, ele apresentou sua teoria atômica, que demorou para conquistar confiança.

A matéria não vai a lugar nenhum

Dalton baseou sua teoria em dois princípios: a conservação da massa, estabelecida por Lavoisier, e a lei da composição constante.

A lei de Lavoisier afirma que não se pode criar nem destruir matéria numa reação química; seus componentes só podem ser rearrumados. Assim, embora possamos "destruir" um pedaço de madeira queimando-o, na verdade o que fizemos foi liberar o carbono, o hidrogênio, o oxigênio e outros elementos para se reconfigurarem em compostos diferentes. A massa total dos elementos envolvidos não muda. Se queimarmos lenha numa foguei-

JOHN DALTON (1766-1844)

Dalton começou sua carreira como professor numa escola quacre de Kendal, no Lake District, na Inglaterra, possivelmente já desde os 12 anos. Sua família era pobre, e ele foi praticamente autodidata. Tornou-se especialista em meteorologia e cegueira das cores ou daltonismo (que o afetava) e deu aulas sobre os dois temas. Foi com seus estudos meteorológicos que se interessou pela química dos gases. Com 21 anos, ele começou a fazer um diário meteorológico e o manteve durante 57 anos, deixando um registro valiosíssimo para pesquisadores posteriores.

Ele derivou a lei de Charles de forma independente e afirmou que "todos os fluidos elásticos se expandem na mesma quantidade com o calor". Discordava do grande Lavoisier e ressaltou que o ar não atua como um solvente, mas é um sistema mecânico em que tudo se realiza pelo movimento das partículas. Ele reuniu todas as suas teorias sobre gases e átomos no *Novo sistema de filosofia química* (1808-1827), embora antes as tivesse apresentado em palestras. Ao explicar suas ideias sobre átomos, ele destacou que eles deviam ter tamanhos diferentes. Também afirmou acreditar que os elementos se combinavam na proporção mais simples, em geral 1:1, embora não houvesse base para isso além da expectativa de parcimônia. Isso gerava fórmulas como HO (hoje H_2O) para a água e NH (hoje NH_3) para a amônia.

Sua abordagem foi impopular, e suas ideias, tratadas como teóricas e não como descrição real do que acontecia na matéria. Como um quacre de Manchester, Dalton era desdenhado pelos cientistas urbanos e sofisticados de Londres e Paris.

CAPÍTULO 6

O fogo é transformador, mas a transformação efetuada é uma reconfiguração de átomos; nenhuma matéria é destruída nem criada.

ra, parecerá que a massa se perdeu, já que as cinzas têm menos massa do que a madeira. Mas isso resulta do fato de que boa parte da matéria escapou como gases ou vapor d'água.

A lei da composição constante afirma que a mesma substância é sempre feita dos mesmos componentes. Qualquer pitadinha de sal de cozinha é feita de sódio e cloro, sempre na mesma proporção.

Comparação de átomos

Como vimos, Dalton reconheceu que os átomos de gases diferentes precisam ter tamanho diferente para explicar a pressão parcial diferente que exercem. Depois de chegar a essa conclusão, era apenas natural tentar calcular o tamanho relativo dos átomos. Ele fez isso pesando volumes fixos de gases e observando como achava que se combinavam.

Lavoisier já dissera que, em peso, 87,4 partes por peso se combinam com 12,6 partes de hidrogênio para fazer água, e a partir disso Dalton calculou, supondo que se combinassem na razão de 1:1, que o oxigênio deveria ser sete vezes mais pesado do que o hidrogênio. Como era o elemento mais leve que encontrou, ele supôs que o hidrogênio fosse o padrão e lhe deu massa atômica 1. Mais tarde, medições mais cuidadosas corrigiram a massa atômica do oxigênio de 7 para 8. Por volta de 1804, Dalton percebeu que descobrira um modo novo e útil de medir elementos. Em 1803 e 1804, ele produziu listas de pesos atômicos e, em 1807 e 1808, publicou o método. (É claro que Dalton estava errado

ÁTOMOS, ELEMENTOS E AFINIDADES

em algo fundamental: hidrogênio e oxigênio se combinam na razão de 2:1 e não 1:1, e a massa atômica do oxigênio é 16.)

O químico francês Joseph Proust desenvolveu, em 1794, a "lei das proporções definidas". Ela demonstrava que os elementos sempre se combinam em determinadas razões por peso. Ele trabalhou com dois tipos de óxido de estanho, pesou cuidadosamente as quantidades de estanho e oxigênio necessárias para formar cada um deles e descobriu que um tem 88,1% de estanho e 11,9% de oxigênio, por peso, e o outro, 78,7% de estanho e 21,3% de oxigênio. O segundo, claramente, usa quase o dobro de oxigênio do primeiro. Um pequeno cálculo mostrou que 100 g de estanho se combinam com 13,5 g ou 27 g de oxigênio. Como 13,5 e 27 formam uma razão de 1:2, isso sustenta a ideia de que os compostos se formam em razões de números inteiros. Proust também trabalhou com carbonatos de cobre e sulfetos de ferro e descobriu a mesma relação: sempre há razões de números inteiros entre os diversos pesos da substância que se combinará com o metal. Dalton percebeu o que os números de Proust significavam em termos de sua teoria de massa atômica: 100 g de estanho se combinariam com 13,5 g ou 27 g de oxigênio. Portanto, um átomo de estanho poderia se combinar com um átomo de oxigênio (SnO) ou dois (SnO_2).

Gases novamente

Gay-Lussac resolveu fazer voos ousados em balões cheios de hidrogênio para medir temperatura e pressão dos gases e

Telhados de cobre ficam verdes com o tempo e adquirem uma pátina que é uma mistura de três minerais.

CAPÍTULO 6

a umidade do ar e recolher amostras da atmosfera em diversos níveis até sete mil metros acima do nível do mar. Em 1808, ele formulou uma nova lei que recebeu seu nome: "A razão entre o volume dos gases reagentes e os produtos gasosos pode ser expressa com números inteiros simples." Ele descobrira que os gases sempre se combinam em razões de números inteiros simples por volume e que os produtos são múltiplos em fatores inteiros dos volumes originais combinados. Por exemplo, ele descobriu que dois volumes de hidrogênio se combinam com um volume de oxigênio para produzir dois volumes de água gasosa. Ele não sabia explicar, mas o resultado era constante e passível de reprodução.

Joseph Proust reconheceu que os elementos se combinam em razões inteiras.

Em 1811, o químico (e conde) italiano Amedeo Avogadro (1776-1856) encontrou uma explicação para o achado de Gay-Lussac. Ele sugeriu que volumes iguais de gases à mesma temperatura e pressão sempre contêm o mesmo número de partículas. Assim, um metro cúbico de oxigênio conteria tantas partículas de oxigênio quanto um metro cúbico de hidrogênio, nitrogênio ou qualquer outro gás à mesma temperatura. Quando se aplicam suas ideias ao achado de Gay-Lussac, vê-se que combinar duas unidades de gás produz uma unidade de gás se o número de partículas se reduzir.

Avogadro examinou com mais atenção e percebeu, pela primeira vez, que um elemento pode existir sob a forma de moléculas e não como átomos simples. Não ocorrera a ninguém que as moléculas não tinham de conter átomos de elementos diferentes. Ao deduzir que tanto o hidrogênio quanto o oxigênio existem em forma molecular e que cada molécula tem dois átomos do elemento, a matemática da medição de Gay-Lussac fez sentido:

TUDO É HIDROGÊNIO

O químico inglês William Prout (1785-1850) observou que os pesos atômicos que tinham sido publicados pareciam múltiplos do peso atômico do hidrogênio. Com base nisso, ele sugeriu em 1815 que todos os elementos são formados por aglomerações de átomos de hidrogênio. Ele chamou esse tijolo de hidrogênio de protyle.

A hipótese teve alguma popularidade até 1828, mais ou menos, quando o químico sueco Jöns Jacob Berzelius (1779-1848) publicou pesos atômicos mais exatos que pareciam refutá-la. Especificamente, o cloro tem peso atômico de cerca de 35,5, o que exigiria meio átomo de hidrogênio como unidade fundamental. (Algumas pessoas realmente sugeriram isso, mas ainda havia discrepâncias, e a ideia de Prout foi abandonada.) Em 1925, a razão do estranho peso atômico do cloro foi descoberta: ele é uma mistura de isótopos com peso atômico 35 e 37 e média de 35,5.

ÁTOMOS, ELEMENTOS E AFINIDADES

REPRESENTAÇÃO DOS ÁTOMOS

Dalton resolveu mostrar o modo como os átomos se combinam usando símbolos gráficos para representá-los. Começou com um desenho diferente para cada elemento e mostrou os compostos combinando os símbolos. Isso não pegou, pois criava dificuldade considerável para as gráficas. E foi bom, porque o número de elementos subiria dos 36 que ele reconhecia para bem mais de cem hoje. Além disso, embora fosse bastante simples quando as moléculas tinham dois ou três átomos, o sistema não era um bom modelo para compostos mais complexos com número muito maior de átomos.

Felizmente, houve um jeito melhor. Em 1813, Berzelius sugeriu a forma de notação ainda em uso. Nela, usa-se a letra inicial do nome do elemento em latim — ou duas letras, caso a primeira já tenha sido atribuída a outro elemento — e um número subscrito para indicar o número de partes na combinação, se for mais de uma; assim, H_2O significa que dois átomos de hidrogênio se combinam com um átomo de oxigênio para formar a água. Berzelius passou quase a vida toda tentando determinar pesos atômicos exatos e derivou várias fórmulas.

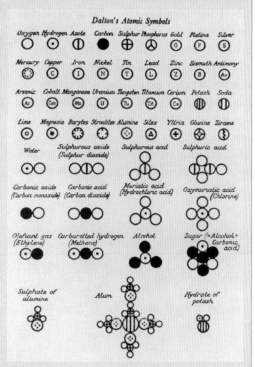

Os símbolos atômicos de Dalton e sua combinação para representar moléculas. Como mostra o exemplo do alume, os diagramas logo ficavam complexos.

$$2H_2 + O_2 \rightarrow 2H_2O$$

Em outras palavras, quatro átomos de hidrogênio e dois de oxigênio fazem duas moléculas de água.

Das moléculas aos moles

Avogadro continuou a trabalhar com gases e voltou sua atenção para a massa e a densidade. Ele concluiu que, se o mesmo volume de um gás contém sempre o mesmo número de partículas, comparar a massa de volumes iguais de gases diferentes revela a massa relativa das partículas. Portanto, se um volume específico de hidrogênio pesar 1 g e o de oxigênio pesar 16 g, poderemos dizer que as partículas de oxigênio têm 16 vezes a massa das partículas de hidrogênio.

Os achados de Avogadro tiveram pouco impacto imediato no mundo mais amplo da química. Ele morava na Itália, que não era um centro de excelência química na época; publicou numa revista francesa que não era muito lida; e, o mais importante, discordava de cientistas (então) muito

CAPÍTULO 6

conceituados, como Dalton e Berzelius. A verdadeira importância da descoberta de Avogadro só seria compreendida depois de sua morte.

Átomos por procuração

As provas do átomo surgiram em 1827, e sua existência foi finalmente provada por Albert Einstein quase oitenta anos depois. Ao microscópio, o botânico inglês Robert Brown notou que, em vez de ficar parado, o grão de pólen que examinava perambulava aleatoriamente pela lâmina. A princípio, ele achou que fosse sinal de vida e supôs que o pólen se movia por vontade própria, mas depois examinou um objeto minúsculo que sabia ser inanimado e observou o mesmo tipo de movimento, que passou a se chamar movimento browniano.

Isso foi explicado por Einstein em 1905: a água se compõe de partículas invisíveis de tão pequenas (moléculas) que estão em movimento constante. Elas empurram quaisquer partículas com as quais entram em contato, como os grãos de pólen, Einstein derivou modelos matemáticos do movimento de uma partícula nessas condições. Em 1908, Jean Perrin realizou experiências com o movimento browniano que confirmaram as previsões de Einstein, provando pela primeira vez que os átomos — ou pelo menos as moléculas — realmente existem.

Os elementos se unem

Embora Dalton tentasse calcular quantos átomos de elementos se combinam para formar as moléculas de um composto, ele

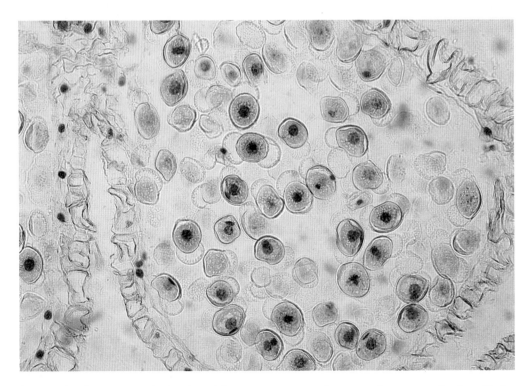

Os grãos de pólen, vistos aqui pelo microscópio, são tão pequenos e leves que sofrem empurrões de moléculas de água.

ÁTOMOS, ELEMENTOS E AFINIDADES

não abordou o mecanismo da combinação. Isso só pôde ser totalmente elucidado quando a estrutura do átomo foi compreendida.

Houve algumas tentativas precoces de explicar como os átomos se unem nos compostos. Newton especulou sobre "alguma força" que era fortíssima em pequenas distâncias, mas isso é bastante vago. Mais de cem anos se passariam para sugerirem algo específico.

Ligações atômicas

Dezenove anos antes de Dalton, o químico irlandês William Higgins (1763-1825) sugeriu algo semelhante à sua teoria atômica, embora não tão completa quanto sua descrição. Higgins não era muito popular e morava em Dublin, cidade fora de mão no que dizia respeito à comunidade científica europeia. Seu trabalho foi pouco notado, embora mais tarde Humphry Davy ajudasse a defender sua pretensão de prioridade. Mas Higgins tentou algo que Dalton deixou de fazer: explicou como as "partículas supremas" (átomos) poderiam ser unidos por uma "força" e tentou quantificar essa força.

Higgins sugeriu que, se a força entre um átomo de nitrogênio e um de oxigênio fosse 6 (não havia unidade), no NO_3 ela seria igualmente dividida, com 3 vindo do nitrogênio e 3 do oxigênio. Se o nitrogênio entrasse em vários compostos com um número diferente de átomos de nitrogênio, o 3 que era a parte do nitrogênio no negócio teria de ser dividido entre o número associado de átomos (ver diagrama abaixo).

Berzelius, talvez aproveitando a pista da invenção recente da "pilha" ou bateria elétrica de Volta, sugeriu, em 1819, que as forças elétricas positiva e negativa poderiam formar atrações entre átomos. Mas ele não deu mais explicações, e não houve progresso até a década de 1850.

As afinidades viram ligações

A resposta à questão de como os átomos formam ligações começou a surgir em

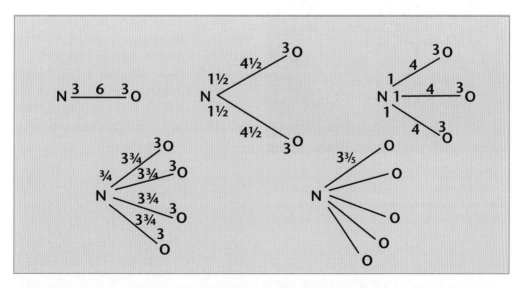

Higgins mostrou como a "força" pode se dividir entre os átomos. Ele também foi a primeira pessoa a usar linhas para representar ligações entre átomos mostrados pela letra inicial do elemento.

CAPÍTULO 6

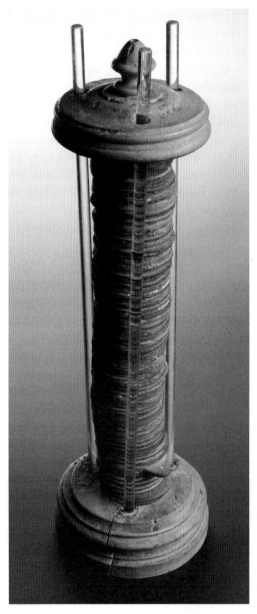

A pilha elétrica de Volta compunha-se de uma pilha de discos de cobre e zinco alternados e separados por papel embebido em salmoura. Quando se ligava o alto e o pé com um fio, uma corrente elétrica fluía.

1852, quando o químico inglês Edward Frankland desenvolveu uma teoria para explicar as afinidades entre elementos.

Ele sugeriu que os átomos têm um "poder combinante" que lhes permite ligar-se a um certo número de outros átomos. Quando chegam ao limite de seu poder combinante, ficam saturados e não podem mais formar associações. Por exemplo, ele notou que alguns elementos tendem a formar compostos combinando-se com três átomos de outra substância, como NH_3, NO_3 e NI_3. Ele concluiu que tais elementos (nitrogênio, neste caso) ficam mais satisfeitos com essa combinação.

Alguns anos depois, em 1858, Archibald Scott Couper apresentou uma nova maneira de pensar em afinidades. Ele imaginou uma ligação entre dois átomos que os mantêm unidos e a representou como uma linha reta entre os símbolos dos elementos químicos. Apenas três anos depois, o cientista austríaco Josef Loschmidt introduziu linhas duplas e triplas para representar ligações duplas e triplas e, em algumas substâncias cuja estrutura considerava provavelmente cíclica, usou um círculo.

Ludwig Boltzmann, amigo de Loschmidt na universidade, deu uma definição da ligação química com base na ideia de regiões do átomo que tendem a formar ligações: "Quando dois átomos estão situados de modo que suas regiões sensíveis entram em contato ou se sobrepõem parcialmente, haverá uma atração química entre eles. Então, dizemos que estão quimicamente ligados um ao outro."

> "Uma tendência ou lei predomina (aqui), e que, sejam quais forem as características dos átomos unidos, o poder de combinação do elemento atraente, se me permitem o termo, é sempre satisfeito pelo mesmo número desses átomos."
>
> Edward Frankland, 1852

ÁTOMOS, ELEMENTOS E AFINIDADES

O trabalho mais importante sobre representação e dedução de ligações e estruturas químicas foi realizado na química orgânica, na qual se encontram as moléculas mais complexas. Esse é o tema do próximo capítulo. Aqui, basta dizer que os métodos de representar a estrutura das moléculas avançou antes da descoberta de como, exatamente, as ligações químicas se formam em nível atômico.

Organização de elementos

O sistema de Dalton para explicar como os átomos dos elementos se combinam para formar compostos exigia a noção clara de quais substâncias são elementos. Como vimos, Lavoisier fez a primeira lista, mas só cerca de dois terços de seus "elementos" eram elementos de verdade.

Os elementos proliferam

Lavoisier listou 33 elementos, dos quais 23 ainda são reconhecidos como tal. Dalton listou 36 (e todos eram elementos); Berzelius, 47. Em 1850, conheciam-se 55 elementos; em 1869, o químico russo Dmitri Mendeleiev listou 63.

Os químicos ficaram bastante alarmados com o aumento do número; não fazia muito tempo que as pessoas achavam que havia apenas quatro elementos. Também havia muita variedade em suas propriedades. Haveria algum modo de estabelecer uma ordem natural dos elementos que surgiam?

Trios, octetos e espirais

A primeira pista de que o peso atômico era importante para determinar a ordem dos

Um mol de vários elementos. Na fila de trás, da esquerda para a direita: mercúrio, enxofre, chumbo, magnésio, cobre; o prato de vidro contém cromo, e todos estão sobre alumínio.

CAPÍTULO 6

elementos veio com o trabalho do químico alemão Johann Döbereiner, em 1817. Ele organizou os elementos em tríades, ou grupos de três, que compartilhavam propriedades semelhantes. O elemento do meio de cada tríade tinha um peso atômico que se aproximava da média dos outros dois. Por exemplo, suas tríades incluíam os elementos lítio (7), sódio (23) e potássio (39), que formam álcalis, e cloro (35,5), bromo (80) e iodo (127), que formam sais. Isso não foi longe, e havia alguns erros consideráveis na lista de pesos atômicos disponível na época.

Químicos posteriores tiveram mais sorte com os pesos atômicos. O primeiro congresso internacional de química, realizado em Karlsruhe, na Alemanha, em 1860 (ver a página 149), apresentou a hipótese de Avogadro. Logo se seguiram listas mais exatas de pesos atômicos. A primeira pessoa a usar essa lista revisada para embasar um padrão periódico de elementos foi o geólogo francês Alexandre Béguyer de Chancourtois, em 1862. Num pedaço de papel enrolado num cilindro, ele listou os elementos em ordem de peso atômico, completando uma volta a cada dezesseis elementos. Ao desenrolar o papel, produzia-se um arranjo em espiral de elementos que ele chamou de "espiral telúrica", porque o elemento telúrio ficava no meio. Seu trabalho desapareceu sem causar impacto, talvez por ter sido publicado sem o diagrama necessário para entendê-lo. Mas não era tão promissor quanto parece. Embora alguns elementos estivessem no lugar certo, outros não estavam ou apareciam duas vezes, e alguns "elementos" que ele incluiu eram compostos.

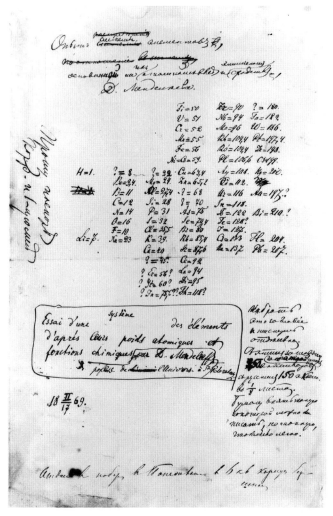

A primeira versão da Tabela Periódica de Mendeleiev não se parece em nada com a tabela que conhecemos hoje. O corpo principal são as oito linhas mais compridas no meio. Desde então, a tabela sofreu uma rotação de noventa graus. O ponto de interrogação indica elementos que ele achava que deveriam existir, embora na época não se conhecesse nenhum com aquele peso atômico.

ÁTOMOS, ELEMENTOS E AFINIDADES

Em 1864, quando pôs os elementos em ordem de peso atômico, o químico inglês John Newlands descobriu que eles formavam "oitavas" em que cada elemento tinha características semelhantes aos que ficavam oito posições antes ou depois. Mas seu trabalho não atraiu seguidores, porque punha o ferro no mesmo grupo do oxigênio e do enxofre, com os quais ele não compartilha propriedades.

O químico alemão Julius Lothar Meyer tabulou o peso atômico dos elemento em relação ao volume atômico (em termos modernos, seria a massa de um mol do elemento em relação ao volume de um mol do elemento sólido). Ele encontrou um padrão repetido, com o volume aumentando e depois caindo em relação ao peso atômico, numa sequência periódica. Mas foi o químico russo Dmitri Mendeleiev que resolveu o enigma. Meyer teve a infelicidade de descobrir a periodicidade em 1865, mas só publicá-la um ano depois de Mendeleiev, o criador da moderna Tabela Periódica. Nenhum deles sabia do trabalho do outro.

Os elementos nas cartas

Assim como Meyer, Mendeleiev foi ao congresso de Karlsruhe e se sentiu inspirado para investigar o peso atômico e a periodicidade. Ele se dedicou ao trabalho de escrever o nome de cada um dos sessenta elementos conhecidos na época em cartões, juntamente com peso atômico e características. Conta a tradição que, quando jogava paciência, ocorreu-lhe que poderia organizar seus cartões com elementos em ordem ascendente de peso atômico para ver se surgia um padrão.

Mendeleiev passou horas e horas rearrumando os cartões. Ele viu que havia alguma importância em colocá-los na ordem de peso atômico — tipos semelhantes de propriedades apareciam repetidamente em sequência —, mas não conseguiu perceber o padrão completo. Finalmente, deixou-os de lado e foi dormir. A resposta lhe veio enquanto dormia, e ao acordar só precisou escrevê-la.

> *"Num sonho, vi uma tabela em que todos os elementos se encaixavam como necessário. Ao despertar, escrevi-a imediatamente num pedaço de papel."*
> Dmitri Mendeleiev

DMITRI MENDELEIEV (1834-1907)

Mendeleiev nasceu na Sibéria, na Rússia, numa família grande — ele tinha dezesseis irmãos e irmãs. O pai morreu quando ele tinha 13 anos; a fábrica de vidro da mãe pegou fogo quando ele estava com 15. O jovem Mendeleiev se mudou para São Petersburgo para se formar professor. Com 20 anos, estava tuberculoso, e era comum trabalhar de cama. Não foi um início promissor. Mas Mendeleiev se mostrou promissor como químico — excepcionalmente promissor. Foi trabalhar com o grande químico alemão Robert Bunsen (ver a página 183), na Universidade de Heidelberg, onde conheceu a espectroscopia (ver a página 183). Também compareceu ao congresso de Karlsruhe, em 1860.

Quando voltou para casa em 1861, a paixão pela química de Mendeleiev não tinha diminuído, mas ele se preocupou com o péssimo estado de seu ensino na Rússia. Aos 33 anos, tornou-se professor de Química da Universidade de São Petersburgo e publicou dois livros didáticos de imenso sucesso que também foram usados fora da Rússia. O desenvolvimento da Tabela Periódica foi sua maior realização.

CAPÍTULO 6

Mendeleiev é considerado o pai da Tabela Periódica.

A primeira arrumação da Tabela Periódica de Mendeleiev era bem diferente da atual. As colunas correspondiam às nossas linhas e as linhas às nossas colunas, mas com hidrogênio (H) e lítio (Li) separados no início. Ele nada sabia sobre gases nobres, e assim as linhas partem dos halogênios, começando com o flúor (F), e vão até os metais alcalinos, começando com o sódio (Na). A linha inferior da tabela de Mendeleiev nos dá os metais alcalinos, do lítio ao césio, embora não acerte com o tálio (Tl).

Em 1871, Mendeleiev virou a tabela em 90 graus; é essa a forma que usamos hoje.

Fechando buracos

Embora não tenha sido o primeiro a arrumar os elementos na ordem do peso atômico, foi Mendeleiev quem teve mais sucesso. A principal razão foi ter sugerido a correção de alguns pesos atômicos que punham elementos no lugar errado e deixado buracos para elementos que achou que deveriam existir, prevendo não só sua existência como algumas de suas propriedades. Quando os pesos atômicos corretos foram usados, os elementos se encaixaram perfeitamente na tabela de Mendeleiev. O mais importante foi que alguns buracos que ele deixou foram preenchidos ainda durante sua vida, quando os elementos que previu foram descobertos.

O primeiro elemento previsto a ser encontrado foi o gálio, que Mendeleiev chamara de "eka-alumínio". (Ele lhe deu esse nome porque viria depois do alumínio na tabela, e *eka* é "1" em sânscrito.) O elemento foi identificado em 1875 pelo químico francês Paul Émile Lecoq de Boisbaudran,

ÁTOMOS, ELEMENTOS E AFINIDADES

que o batizou com o nome latino da antiga França (Gália). Suas propriedades eram bem próximas da previsão de Mendeleiev, com exceção da densidade, para a qual Boisbaudran deu o valor de 4,9 g/cm^3, embora Mendeleiev previsse 6,0 g/cm^3. Quando voltou a verificar a densidade, Boisbaudran corrigiu-a para 5,9 g/cm^3, confirmando Mendeleiev. Dois outros elementos previstos logo foram descobertos: o escândio, em 1879, e o germânio, em 1886.

A validade da Tabela Periódica foi confirmada por essas descobertas, mas Mendeleiev não viveu para ver a descoberta, cinquenta anos depois, dos dois últimos elementos que previu. Mas ele viu a descoberta dos gases nobres, que, a princípio, o desconcertou. Mas logo se percebeu que reforçava o padrão identificado por ele. O elemento 101, descoberto em 1955. foi chamado de mendelévio em sua homenagem.

Mesmo assim, havia problemas na tabela de Mendeleiev. Alguns elementos pareciam transpostos. O telúrio e o iodo, por exemplo, eram elementos adjacentes. Se postos na ordem dos pesos atômicos, tinham propriedades que pertenciam à coluna vizinha, mas se postos na coluna adequada a suas propriedades, o peso atômico não ficava mais em sequência. O enigma só foi resolvido em 1913, depois de descobertas importantes sobre a natureza do átomo.

Fazer mais

A Tabela Periódica tem um buraco na coluna 7 para um elemento de número atômico 43. Entre 1828 e 1908, vários candidatos foram propostos, mas todos eram elementos diferentes. Os buracos anteriores tinham sido preenchidos, mas nesse

Cristais de gálio, o primeiro elemento previsto por Mendeleiev a ser encontrado.

CAPÍTULO 6

caso nenhum elemento novo se apresentou. Finalmente, em 1936, o tecnécio ocupou o buraco. Mas ele não foi descoberto; foi feito artificialmente. O tecnécio (Tc) se tornou o primeiro de 24 elementos sintéticos (até agora). Na verdade, ele pode ter sido manufaturado já em 1925, mas os químicos alemães que afirmaram tê-lo encontrado não conseguiram reproduzir o resultado.

O tecnécio, como os outros elementos sintéticos, é radioativo e instável, o que explica sua escassez como elemento presente na natureza. Os isótopos de tecnécio aparecem em pequeníssima quantidade na Terra, como resultado da fissão espontânea do urânio-238. A meia-vida dos isótopos de tecnécio varia de uns de 100 nanossegundos a 4,2 milhões de anos (veja o quadro na página ao lado). A razão para não ser encontrado na natureza é que o tecnécio que existia quando a Terra se formou teria decaído e se transformado em outra coisa. A pequena quantidade de tecnécio existente resulta da atividade radioativa recente. Ele existe naturalmente em algumas estrelas gigantes vermelhas.

Outros elementos sintéticos se seguiram: o plutônio, em 1940, e o cúrio, em 1944. Depois que a bola começou a rolar, encontraram-se outros com bastante rapidez, até a contagem atual (2017) de 24.

Átomos indivisíveis?

No século XIX, enquanto a teoria de Dalton ganhava ímpeto, os átomos continuaram a ser considerados as menores partículas, sólidas e distintas como Dalton

Estado atual da Tabela Periódica, 2017. Há tentativas de sintetizar um hipotético elemento 119 (metal alcalino do grupo I).

ÁTOMOS, ELEMENTOS E AFINIDADES

afirmara. Mas, no fim do século, isso teve de ser revisto, porque os átomos pareciam se desfazer por toda parte.

A percepção de que os átomos podiam mudar com o decaimento radioativo não combinava com o conceito de átomo indivisível. O nome do átomo significa "incortável"; sua indivisibilidade era a característica que o definia. Isso estava prestes a mudar.

Pedacinhos

Na década de 1880, o físico inglês J. J. Thomson (1856-1940) fazia experiências com um tubo de raios catódicos e um ímã quando descobriu que o facho verde produzido era formado por partículas com carga negativa e com apenas dois milésimos do peso de um átomo. A única explicação que encontrou foi que seria uma partícula subatômica ou algo que se saíra do átomo e que, portanto, Dalton estava errado sobre a indivisibilidade dos átomos. Thomson descobrira o elétron.

Thomson imaginou um novo modelo do átomo publicado em 1897. Como a matéria não tem carga negativa, ele concluiu que tinha de haver algo que equilibrasse a negatividade da partícula que descobrira, e propôs uma nuvem de material com carga positiva cercando as partículas de carga negativa. Seu modelo do átomo se tornou conhecido como "pudim de passas", com os elétrons negativos análogos às passas no meio do "pudim" positivo do resto do átomo. Enquanto Thomson formulava seu modelo, seu rival ia surgindo.

Dos pudins aos planetas

Em 1895, o químico alemão Wilhelm Röntgen descobriu os raios X e, no ano seguinte, o físico francês Henri Becquerel descobriu a radioatividade e constatou que havia duas partes nos raios produzidos pelo decaimento do urânio. Isso foi confirmado em 1898 por Ernest Rutherford (1871-1937); ele chamou essas partes de raios alfa e beta. Rutherford nasceu na Nova Zelândia, mas na época trabalhava no Canadá. Ele logo descobriu que, na verdade, os "raios" são fachos de partículas. As partículas alfa são núcleos de hélio, e as beta, elétrons com muita energia e alta velocidade.

Em 1907, Rutherford se mudou para Manchester, na Inglaterra, onde trabalhou com Hans Geiger, examinando melhor a radiação. Eles dispararam pelo vácuo partículas alfa, produzidas pelo decaimento radioativo do rádio, até uma folha fina de ouro. Rutherford esperava que as partícu-

> **RADIOATIVIDADE E MEIA-VIDA**
>
> Uma substância radioativa é aquela que muda constantemente, emitindo energia e partículas (radiação). A meia-vida de um elemento é o período que metade de uma dada quantidade leva para decair e se transformar em outra substância. Por exemplo, o carbono-14, usado na datação pelo carbono, tem meia-vida de cerca de 5.730 anos. Isso significa que, se houver 10 g de carbono-14, em 5.730 anos metade (5 g) decairá e se transformará em nitrogênio-14 com a perda de partículas beta (elétrons com muita energia). Se tiver paciência suficiente, o observador verá metade do restante (2,5 g) decair nos 5.730 anos seguintes, e assim por diante. O elemento de meia-vida mais longa é o telúrio-128, com $7,7 \times 10^{34}$ anos — mais de cem mil bilhões de vezes a idade do universo. Nenhum elemento com número atômico acima de 99 tem algum uso fora da pesquisa, já que todos têm meia-vida curta.

CAPÍTULO 6

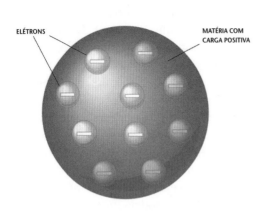

O modelo do átomo de Thomson (à esquerda), uma nuvem de carga positiva cravejada de elétrons com carga negativa, foi chamado de "pudim de passas" por se parecer com o pudim de Natal tradicional inglês (à direita).

las a atravessassem, com ligeiro desvio de vez em quando.

As partículas produziam minúsculos relâmpagos de luz que tinham de ser observados e contados manualmente (até mais tarde, quando Geiger inventou seu contador). Contar os relâmpagos era cansativo, e, em 1909, Rutherford confiou a tarefa a Ernest Marsden, aluno de pesquisa. Ele não esperava que Marsden encontrasse nada interessante, mas se enganou redondamente. Em poucos dias, Marsden descobriu algumas partículas desviadas em ângulos muito grandes e outras que até ricocheteavam de volta. Isso era totalmente inesperado, e solapou totalmente o modelo atômico do pudim A carga positiva difusa proposta não poderia repelir as partículas alfa daquela maneira, portanto tinha de estar errada.

A única explicação que Rutherford encontrou foi que as partículas alfa eram repelidas por uma carga positiva concentrada em pequeno volume. As poucas partículas alfa que encontravam diretamente essa concentração minúscula de carga seriam tiradas de sua trajetória com força considerável. Outras seriam desviadas num ângulo maior ou menor de acordo com a proximidade a que chegassem.

Rutherford remodelou o átomo para acomodar seus achados. Ele pôs toda a carga positiva concentrada num espaço muito pequeno no centro do átomo e a carga negativa espalhada em volta dela, a uma distância considerável do centro. Isso explicava o resultado: a maioria das partículas alfa passava direto, como ele esperara a princípio, porque a maior parte do átomo era uma carga negativa difusa ou um espaço vazio. Um número pequeníssimo encontrou o núcleo positivo e foi violentamente repelido. Mais tarde, as partículas positivas do núcleo seriam chamadas de

ÁTOMOS, ELEMENTOS E AFINIDADES

NOVOS ELEMENTOS RADIOATIVOS

Depois da descoberta da radioatividade por Becquerel, a química polonesa Marie Curie (1867-1934) começou a investigar a atividade do urânio. Seu primeiro achado foi que a radiação do urânio vem do próprio elemento, não da interação com o ambiente, indicando enfaticamente que os átomos não são indivisíveis. Sua investigação a levou a descobrir dois outros elementos radioativos, o polônio e o rádio. Ela também notou que o rádio destrói as células que produzem tumores — o primeiro passo rumo à radioterapia do câncer. Em 1903, Curie se tornou a primeira mulher a ganhar um Prêmio Nobel em reconhecimento a seu trabalho com a radioatividade. Em 1911, ela ganhou outro Prêmio Nobel pela descoberta do polônio e do rádio e se tornou a primeira das quatro pessoas (e a única mulher) a ganhar dois prêmios Nobel.

Marie Curie (sentada) com a filha Irene.

prótons. Sua existência foi demonstrada por Rutherford em 1917.

Rutherford publicou seus achados em 1911; dois anos depois o físico dinamarquês Niels Bohr aprimorou seu modelo. Em vez de pôr os elétrons perambulando aleatoriamente em torno do núcleo, Bohr propôs que orbitam em casulos ou orbitais definidos. Esse foi o chamado modelo planetário, por ser semelhante aos planetas que orbitam uma estrela: cada planeta se mantém em sua trajetória própria e não pode sair dela. Na década de 1920, o modelo de Bohr foi refinado, e os orbitais passaram a ser considerados níveis de energia em vez de localizações espaciais.

Do peso atômico ao número atômico

Em 1913, o físico inglês Henry Moseley resolveu a última parte do enigma da

> *"[Foi] como se disparassem uma granada de quinze polegadas num pedaço de papel de seda e ela ricocheteasse e nos atingisse."*
>
> Ernest Rutherford

CAPÍTULO 6

Tabela Periódica. Ele convenceu Rutherford, para quem trabalhava, a lhe permitir que investigasse o espectro de raios X dos elementos (ver a página 186), na esperança de encontrar um padrão que pudesse relacionar à sua periodicidade — e conseguiu. Ele descobriu que todos os elementos têm cargas positivas diferentes no núcleo e que, se forem postos na ordem dessa carga — hoje chamada de número atômico — em vez do peso atômico, os pares transpostos entram em ordem e a periodicidade se mantém. Moseley explicou que os padrões de reatividade e as propriedades dos elementos são funções do número atômico, que reflete a estrutura do átomo. Essa descoberta resolveu algumas outras questões perturbadoras da época. Uma delas era se haveria algum elemento mais leve do que o hidrogênio; não há, pois ele tem número atômico 1 e não é possível que um elemento tenha um número menor do que 1. Outra foi se haveria algum elemento entre o hidrogênio e o hélio. Mais uma vez, a resposta é não: o hidrogênio tem número atômico 1, o hélio, 2, portanto não há espaço para outro elemento entre eles.

É difícil exagerar a importância da realização de Moseley. O número atômico é igual ao número de elétrons e também ao número de prótons do átomo de um elemento (pois o átomo não tem carga positiva nem negativa). E logo se constataria que o número de elétrons determina a reatividade do elemento e como ele se combina com os outros. Mas Moseley não viveria para ver todo o impacto de sua descoberta, feita um ano antes do início da Primeira Guerra Mundial; foi morto na Batalha de Gallipoli, em 1915.

Em 1932, James Chadwick descobriu que o núcleo também abriga partículas

> *"Temos aqui a prova de que há no átomo uma quantidade fundamental que aumenta em passos regulares conforme passamos de um elemento ao seguinte. Essa quantidade só pode ser a carga do núcleo central positivo, de cuja existência já temos prova definitiva."*
>
> Henry Moseley, 1913

Henry Moseley nos laboratórios Balliol-Trinity, na Universidade de Oxford.

sem carga, chamadas nêutrons. A descoberta do nêutron explicou a diferença entre massa atômica e número atômico: a massa atômica do elemento é dada pelo número total de nêutrons mais prótons;

ÁTOMOS, ELEMENTOS E AFINIDADES

em geral, há o mesmo número de cada, e a massa atômica é mais ou menos o dobro do número atômico. (A massa dos elétrons é desprezível.)

Os elétrons trabalham

Assim que ficou claro que o átomo podia ser dividido, pelo menos em elétrons e "algo mais", começou-se a perceber um

ENTÃO... TUDO É HIDROGÊNIO?

Parece que a hipótese de Proust de que todos os elementos são feitos de hidrogênio não estava tão errada assim. Na verdade, todos os elementos são feitos a partir da fusão de núcleos de hidrogênio dentro das estrelas, mas não equivalem mais a uma coletânea de átomos de hidrogênio. Quando ocorre a fusão do hidrogênio, a massa do átomo resultante não é apenas um múltiplo das massas dos átomos de hidrogênio envolvidos. A "energia nuclear de ligação", liberada no processo de fissão, tem de ser removida. Como, em última análise, massa e energia são intercambiáveis (como demonstrado por Einstein), remover essa energia reduz a massa do sistema. Quando 56 núcleos de hidrogênio formam um átomo de ferro, a massa do átomo resultante é cerca de 99,1% da massa dos núcleos originais, e os 0,9% se perdem como energia de ligação.

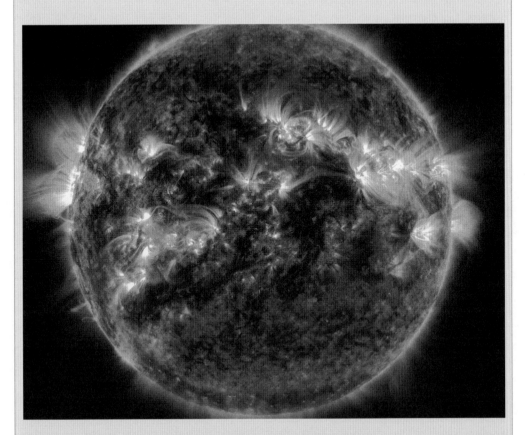

A fusão nuclear ocorre dentro de todas as estrelas e é a fonte da energia que aquece nosso sistema solar.

CAPÍTULO 6

> *"Numa pesquisa destinada a se classificar como uma das doze de concepção mais brilhante, de execução hábil e esclarecedora nos resultados para a história da ciência, um rapaz de 26 anos abriu as janelas pelas quais podemos vislumbrar o mundo subatômico com definição e certeza nunca sonhadas. Se a guerra europeia tivesse como único resultado o fim dessa jovem vida, isso bastaria para torná-la um dos crimes mais horrendos e irreparáveis da história."*
>
> Robert Millikan, falando de Moseley

mecanismo para formar ligações entre átomos. Os elétrons, que estavam muito longe do núcleo, talvez estivessem envolvidos nas ligações.

"Tubos" eletrostáticos

No artigo em que revelou a existência do elétron, J. J. Thomson já propôs que eles estariam envolvidos nas ligações químicas. Embora não usasse a palavra "ligação", ele vislumbrou um "tubo de força eletrostática" com carga positiva numa extremidade e carga negativa na outra.

Na década de 1890, o físico alemão Wilhelm Wien fazia experiências com a descarga de íons positivos, enquanto Thomson experimentava com íons de carga negativa. Embora Thomson descobrisse que partículas com carga negativa podem existir de forma independente do resto da matéria (elétrons), não se achou nenhuma partícula equivalente de carga positiva. As únicas partículas de carga positiva que se via eram íons. Portanto, parecia que só a carga negativa podia ser transferida entre átomos. Isso fazia dos elétrons a opção óbvia para a formação de uma ligação. Em 1904, quando a palavra "ligação" já era usada, Thomson sugeriu que consistia na transferência de um elétron inteiro entre átomos: "Se interpretarmos a 'ligação' dos químicos como se indicasse um único tubo de Faraday unindo átomos carregados na molécula, as fórmulas estruturais do químico podem ser imediatamente traduzidas para a teoria elétrica."

Havia um problema na tese de Thomson: ela só explicava compostos formados pela transferência completa de elétrons entre os átomos. Hoje, essas ligações são chamadas de iônicas. São facilmente observadas em soluções eletrolíticas, isto é, líquidos que contêm íons (partículas com carga positiva ou negativa), com os íons positivos e negativos indo para eletrodos diferentes.

Átomos cúbicos

O químico-físico americano Gilbert Newton Lewis também se inspirou na ideia de que os elétrons podem estar no centro das ligações moleculares. Por volta de 1902, antes do modelo planetário de Rutherford, ele propôs "um cerne dentro do átomo" (ver o diagrama na página ao lado), com elétrons por fora.

Para ensinar a estrutura atômica aos alunos, Lewis adotou um método que representava os átomos como cubos com elétrons em cada vértice. Felizmente, os oito vértices do cubo combinam com os oito grupos da Tabela Periódica, e ele podia desenhar os elementos com cada um dos vértices ocupado ou não por um elétron. Ele cometeu o erro de supor que o hélio teria oito elétrons, mas, fora isso, seu sistema funcionava bastante bem. Um átomo que tivesse mais de oito elétrons começaria outro cubo externo ao primeiro. Ele logo percebeu que os elementos se

ÁTOMOS, ELEMENTOS E AFINIDADES

> "Parece-me haver algum indício de que as cargas transportadas pelos corpúsculos do átomo são grandes comparadas às transportadas pelos íons de um eletrólito. Na molécula de HCl, por exemplo, imagino os componentes dos átomos de hidrogênio unidos por um grande número de tubos de força eletrostática; os componentes do átomo de cloro são unidos de modo semelhante, enquanto apenas um tubo isolado une o átomo de hidrogênio ao de cloro."
>
> J. J. Thomson, 1897

compartilha seu único elétron com o átomo de carbono; por sua vez, este compartilha seus quatro elétrons com os átomos de hidrogênio. Isso dá a cada átomo de hidrogênio dois elétrons, e ao átomo de carbono o conjunto completo de oito (um em cada canto do cubo).

Os princípios de sua teoria eram:

- Os elétrons se organizam em cubos concêntricos no átomo.
- O número de elétrons num átomo neutro (isto é, com apenas seu conjunto de elétrons, sem doar nem adquirir nenhum) aumenta em uma unidade conforme avançamos pela Tabela Periódica, da esquerda para a direita, de cima para baixo.
- Quando preenchido, um cubo de elétrons forma o cerne do átomo, em torno do qual se constrói o próximo octeto.
- Quando o cubo externo fica incompleto, o átomo pode dar ou receber elétrons, e ao fazê-lo adquire carga elétrica de −1 a cada elétron recebido ou +1 a

combinariam de modo a preencher a cota cúbica de elétrons, completando o octeto.

Lewis continuou a trabalhar e refinar sua teoria até publicá-la em 1913 e, de maneira mais completa, em 1916. Ele propôs que a natureza da ligação química é um par de elétrons compartilhado pelos átomos. Por exemplo, o metano tem quatro átomos de hidrogênio, e cada um

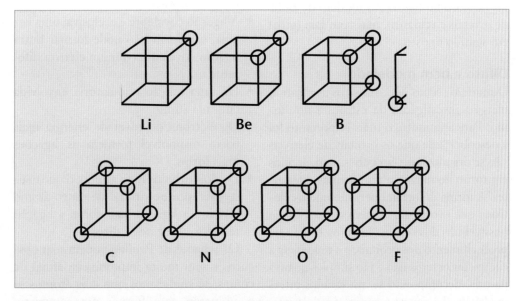

O modelo de átomo de Lewis tinha lugar para um elétron em cada vértice do cubo.

CAPÍTULO 6

> *"Considerei que os dois elétrons assim unidos, quando estão entre dois centros atômicos e mantidos conjuntamente nos casulos dos dois átomos, são a ligação química. Portanto, temos uma imagem concreta dessa entidade física, o "gancho e argola" que fazem parte do credo do químico orgânico."*
>
> Gilbert Newton Lewis, 1923

cada elétron perdido. Isso explica a valência positiva e negativa (propensão a formar ligações perdendo ou ganhando elétrons).

Lewis também foi pioneiro no uso de diagramas com pontos para representar elétrons e mostrar como são compartilhados entre átomos. Embora errasse ao supor que os átomos eram cubos com elétrons nos vértices, Lewis acertou na tendência a completar camadas de oito elétrons e nos grupos concêntricos de elétrons em torno do núcleo. Em 1916, ele apresentou a ideia de pares de elétrons ocupando o mesmo orbital (agora no modelo de Bohr de orbitais circulares), mas com *spin* (giro) em sentido oposto.

Difuso e bem modelado

Durante o século XX, os físicos avançaram mais na investigação da estrutura do átomo. Para a química, o mais importante foi a descoberta de que os orbitais de elétrons não se organizavam em cubos nem círculos em torno do núcleo e têm formas diferentes. A forma do orbital permite que os elétrons que o ocupam fiquem o mais longe possível uns dos outros. Há uma ordem de preenchimento dos orbitais, e a tendência a completar octetos não é tão simples quanto parecia, decompondo-se em estados intermediários desejáveis e completando pares.

Além disso, e fundamental na teoria quântica, nunca se pode fixar a localização do elétron; o orbital simplesmente define uma probabilidade, uma área onde é mais provável encontrar o elétron, embora ele possa estar em qualquer ponto do universo.

O físico americano Linus Pauling aplicou todo o novo conhecimento e as novas ideias sobre elétrons à descrição da ligação química e publicou seu trabalho primeiro num artigo, em 1931, e depois em seu inspirador livro de 1939, *A natureza da ligação química e a estrutura de moléculas e cristais: introdução à moderna química estrutural*. Pauling evitou entulhar a obra com a matemática muito complexa necessária para provar a questão aos físicos e a tornou acessível aos químicos. Ele estabeleceu seis regras fundamentais sobre ligações químicas:

- A ligação covalente (do par de elétrons) resulta da interação entre elétrons não pareados, cada um vindo de um átomo (cada orbital pode conter dois elétrons).
- Os dois elétrons envolvidos precisam ter spins opostos.
- A ligação covalente é exclusiva; uma vez nela, o elétron não pode formar outra ligação covalente com um elétron diferente.
- Há uma função ondulatória envolvida em cada átomo.
- Os elétrons do nível de energia mais baixo disponível formam as ligações mais fortes.
- De dois orbitais num átomo, o que mais se sobrepor ao orbital de outro átomo formará a ligação mais forte; a ligação tenderá a ficar nessa direção.

Os achados de Pauling podem soar obscuros e sem muita importância; afinal de contas, se soubermos que dois átomos se combinarão para formar um composto,

ÁTOMOS, ELEMENTOS E AFINIDADES

Linus Pauling em 1958, ao lado de um modelo da complexa molécula orgânica de colágeno.

precisaremos saber mais? Mas sua importância está nas condições que criam para calcular as formas e ângulos de ligações e moléculas. Essa foi uma das descobertas mais frutíferas do século XX. Além de permitir aos químicos entender a forma de moléculas complexas, também ajudou a projetar moléculas novas e a síntese de substâncias cujas propriedades possam ser previstas.

UMA ÚLTIMA LIGAÇÃO ESPECIAL

Uma ligação diferente mas importantíssima é a ligação de hidrogênio. Mencionada pela primeira vez por T. S. Moore e T. F. Winmill em 1912, hoje se sabe que é uma atração eletrostática entre um átomo de hidrogênio numa ligação covalente com um átomo extremamente eletronegativo (como nitrogênio, oxigênio ou flúor), mas atraído por outro átomo extremamente negativo por perto. Numa ligação covalente, os átomos compartilham elétrons. A ligação de hidrogênio pode surgir dentro de moléculas ou entre elas e é essencial para a vida na Terra. Ela explica o elevado ponto de ebulição da água, pois os átomos de hidrogênio de uma molécula de água são atraídos pelos átomos de oxigênio das moléculas de água próximas. Ela também permite que as proteínas se dobrem e mantém unidos os filamentos que ligam os pares de bases do DNA (ver a página 189).

CAPÍTULO 7

LIGAÇÕES DA VIDA

"Agora a química orgânica é suficiente para enlouquecer."

Friedrich Wöhler, 1835

Os antigos alquimistas e protoquímicos trabalhavam principalmente com matéria inorgânica — metais, sais e gases. Mas atualmente 98% dos compostos conhecidos são orgânicos. A química orgânica é o ramo da ciência que trata dos compostos de carbono, a princípio encontrados principalmente nas coisas vivas e em seus fósseis, mas hoje também feitas artificialmente. A química orgânica é, justificadamente, a área mais empolgante e inovadora e, sem dúvida, a mais complexa. Os polímeros orgânicos, os produtos farmacêuticos e a bioquímica dominam a química moderna.

Os organismos vivos, como as vicunhas e o capim, são como fábricas que produzem substâncias orgânicas.

CAPÍTULO 7

Os vivos e não vivos

Em geral, considera-se que a química orgânica começou no início do século XIX. Até o fim do século XVIII, considerava-se que os organismos vivos tinham algum tipo de força vital, fagulha ou espírito que os distinguia da matéria não viva. Essa força era especial, divina, até, e libertava os organismos da necessidade de seguir as regras da física e da química que se aplicavam à matéria inorgânica. Em consequência, acreditava-se que as substâncias químicas orgânicas, aquelas que formam os corpos vivos, não podiam ser sintetizadas, apenas extraídas de um organismo. Essa doutrina do vitalismo era uma barreira para a pesquisa, pois os químicos não se dispunham a tentar algo que consideravam impossível.

A proteína dos ovos é alterada de forma irreversível pelo cozimento.

Certas características das substâncias orgânicas as diferenciam das inorgânicas. No todo, elas são inflamáveis e alteradas irrevogavelmente pela queima. Em geral, as substâncias inorgânicas podem ser aquecidas, derretidas e ressolidificadas sem mudanças, mas muitas substâncias orgânicas não podem ser reconstituídas

Um alquimista em diálogo com a Natureza, 1516. Em geral, a alquimia e o mundo natural orgânico eram considerados terrenos separados.

> "As substâncias orgânicas são formadas pela ação de órgãos peculiares, cada um dotado do poder de produzir resultados diferentes com elementos semelhantes. [...] Mas, embora possa decompor os produtos da ação orgânica e encontrar as proporções de seus elementos, [o químico] nunca foi capaz de recompor nem imitar esses compostos."
> J. L. Comstock, Elementos de química, 1835

LIGAÇÕES DA VIDA

> ## ORGÂNICA E INORGÂNICA
>
> A distinção entre química orgânica e inorgânica foi feita por Berzelius em 1806. Ele definiu os compostos orgânicos como aqueles que constituem os organismos vivos e são por eles produzidos, e inorgânicos como os encontrados na matéria não viva. Desde então a definição foi refinada: "orgânicos" são os compostos que contêm carbono, tenham ou não origem ou contexto biológicos. Mas o pai da química orgânica é considerado o químico alemão Justus von Liebig (1803-1873). Contrário ao vitalismo e à condição especial dos compostos orgânicos, ele passou muitos anos isolando-os e explorando-os, estudando como se degradavam e se transformavam em outros e tentando descobrir seu papel nos organismos vivos.

depois de aquecidas; não se pode descozer um ovo, por exemplo. Isso parecia sustentar o ponto de vista de que havia algo muito diferente e distinto no material orgânico.

Hoje, há três fontes principais de compostos orgânicos: organismos vivos; depósitos orgânicos fossilizados formados por organismos que estiveram vivos, como carvão e petróleo; e processos de manufatura humana. Os compostos orgânicos não ocorrem naturalmente em grande quantidade fora dos organismos vivos. Alguns compostos de carbono, como o dióxido de carbono, são considerados inorgânicos.

Decompor, não acumular

Com a crença de que os compostos orgânicos não podiam ser feitos fora de um organismo vivo, os químicos se concentraram em tentar descobrir seus componentes em vez de sintetizá-los. Lavoisier foi o primeiro a desenvolver métodos de análise para determinar a quantidade de carbono e hidrogênio do material orgânico e revelar sua fórmula empírica. Ele fez isso queimando os materiais em oxigênio e pesando a quantidade de água e dióxido de carbono produzida. Isso pouco revelava além da proporção comparativa de carbono e hidrogênio e, a menos que o ponto de partida fosse uma amostra de um composto orgânico simples e puro, não trazia nada de muito útil. Inevitavelmente, alguns remanescentes carbonizados também ficavam de fora, e o método era um tanto impreciso.

O processo foi constantemente aprimorado com a queima do material em presença de agentes oxidantes. O químico

> ### DO CARBONO AOS CUBOS
>
> Von Liebig tinha a família grande e nunca ganhou muito dinheiro com a química. Em consequência, estava sempre em busca de outras iniciativas que pudessem lhe gerar lucro. Também se preocupava com a nutrição dos pobres. Em 1847, ele desenvolveu um método de produzir um extrato barato de carne para que todos pudessem aproveitar os benefícios desse alimento. Era custoso demais produzi-lo na Europa, onde a carne era cara, mas em 1862 ele arranjou um sócio que sugeriu produzi-lo na América do Sul, onde se criava gado para produzir couro. Sem nenhum modo de conservá-la e transportá-la, a maior parte da carne apodrecia. O produto acabou se transformando no cubo de caldo de carne Oxo, usado em molhos e no tempero de guisados e timbales.

143

CAPÍTULO 7

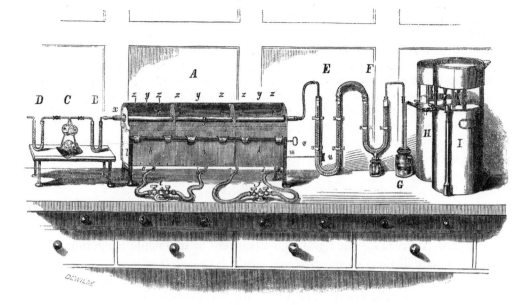

Aparelho de análise orgânica de Liebig, adaptado para usar gás como fonte de calor.

francês Jean-Baptiste Dumas aprendeu a determinar o nitrogênio, e von Liebig deu um jeito de medir o enxofre e os halogênios — mas o resultado ainda só fornecia razões e nenhuma informação sobre a estrutura, fundamental na química orgânica.

Substâncias orgânicas complexas como o amido, as gorduras e as proteínas eram um problema considerável para os químicos que queriam analisá-las. Acontece que algumas podiam ser decompostas em partes constituintes quando tratadas com ácidos ou bases diluídos. Em 1812, o químico russo Gottlieb Sigismund Kirchhoff (1764-1833) aqueceu amido com ácido e o reduziu a um único açúcar simples que mais tarde foi chamado de glicose. (O amido é formado por muitas unidades de glicose encadeadas.) Em 1820, o químico francês Henri Braconnot usou um processo semelhante para isolar a glicina, o primeiro aminoácido, da proteína gelatina. Os aminoácidos são as partes que constituem todas as proteínas.

Vitalismo: um monte de xixi?

Em 1773, o químico francês Hilaire Rouelle fez o primeiro questionamento químico da teoria do vitalismo. Ele conseguiu derivar cristais de ureia da urina de vários animais, inclusive seres humanos, e descobriu que sua composição é relativamente simples. Isso contradizia a opinião aceita de que todos os compostos orgânicos eram extremamente complexos e não podiam ser feitos em laboratório, com ou sem fagulha vital. Mas a revelação do químico alemão Friedrich Wöhler (1800-1882) de que ele realmente conseguira sintetizar ureia sem recorrer a um rim foi um golpe fatal no vitalismo. As consequências de sua descoberta o deixaram aflito.

Em 1828, Wöhler não resolvera testar o vitalismo nem fazer ureia. Ele tentava fazer cianato de amônia misturando cloreto de amônio com cianato de prata, usando a seguinte reação:

$$AgNCO + NK_4Cl \rightarrow NH_4NCO + AgCl$$

LIGAÇÕES DA VIDA

> "A grande tragédia da ciência é o massacre de uma bela hipótese por um fato feio."
>
> Friedrich Wöhler, 1828

No entanto, a experiência produziu alguns cristais estranhos que não eram cianato de amônio e se pareciam estranhamente com os cristais de ureia que Rouelle descobrira. A investigação provou que eram exatamente isso. Como ele esperava, formara-se cianato de amônio, que é muito instável. As moléculas se rearrumaram espontaneamente para formar ureia, que tem os mesmos átomos combinados de outra maneira:

$$NH_4NCO \rightarrow H_2N-CO-NH_2$$

Depois de produzir um composto orgânico a partir de ingredientes inorgânicos, Wöhler teve de concluir que, pelo menos na ureia, não havia força vital nem fagulha de vida.

Não só como também

Além de questionar o vitalismo, essa descoberta confirmou que dois compostos diferentes podem ter a mesma fórmula empírica. Wöhler já descobrira que o cianato de prata que usava tinha a mesma composição do fulminato de prata produzido por Von Leibig no ano anterior, mas com propriedades diferentes. Agora, com a ureia e o cianato de amônio, ele tinha um segundo exemplo do fenômeno. Em 1830, Berzelius criou o termo "isômero" para designar esses pares de compostos. Ele foi o primeiro a sugerir que as pro-

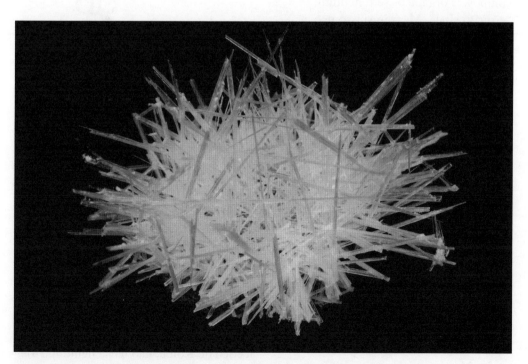

Cristais de ureia, afiados como agulhas. Cristais igualmente aguçados de urato de sódio se formam nas articulações e provocam a violenta dor da gota.

CAPÍTULO 7

priedades das substâncias não são determinadas apenas pelo número e tipo dos átomos que as constituem, mas também pelo arranjo desses átomos. O isomerismo se tornaria importantíssimo, não só no laboratório como na explicação do mistério das ligações químicas.

Um passo adiante

Antes mesmo que Wöhler fizesse ureia sem querer, houvera passos rumo à síntese de compostos orgânicos. Em 1816, o químico francês Michel Chevreul trabalhava com gorduras animais e ácidos graxos. Depois de separar os diversos ácidos, ele descobriu que conseguia provocar mudanças químicas neles, criando efetivamente novos compostos orgânicos sem nenhum "espírito vital". Mas em si isso não era catastrófico para o vitalismo. Chevreul começara com um composto orgânico produzido da maneira comum — isto é, por uma coisa viva — e depois o mudara um pouco. Ele não estava fazendo compostos orgânicos a partir do nada.

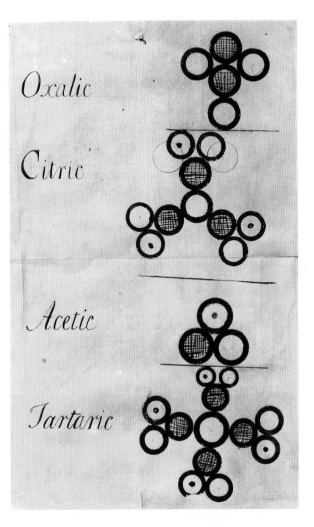

Fórmulas de Dalton para quatro ácidos orgânicos, desenhadas segundo seu sistema de símbolos para cada átomo.

O fim das fábricas vivas

Até 1828, não havia como produzir compostos orgânicos além de cooptar para isso um organismo vivo. O químico que quisesse ureia teria de obtê-la da urina. O químico que quisesse ácido acético teria de obtê-lo do vinagre (derivado, em última análise, de sucos vegetais). Mesmo depois da descoberta de Wöhler, não houve nenhuma corrida para sintetizar ureia. Mas isso mudou em 1845, quando Hermann Kolbe mostrou que era possível fazer ácido acético a partir do dissulfeto de carbono.

Isso foi ainda mais prejudicial ao vitalismo do que o sucesso de Wöhler, pois Kolbe começou com compostos inorgânicos. Wöhler começara com dois compostos orgânicos, e era possível argumentar que a força vital já estava presente. No ácido acético de Kolbe, não havia nenhuma fonte de força vital. Como se não bastasse, em 1860 Marcellin Bertholet iniciou uma

LIGAÇÕES DA VIDA

A HISTÓRIA DA MALVA

Tecidos cor de malva entraram na moda no final do século XIX, e não foi apenas um capricho transitório. Aquela era uma cor inteiramente nova; não havia como tingir tecidos naquele tom de malva antes que William Perkin, de 18 anos e estudante de química, sofreu um acidente enquanto tentava fazer quinino.

O quinino era usado no Ocidente para tratar a malária desde pelo menos 1632, quando os conquistadores espanhóis aprenderam suas propriedades com nativos sul-americanos. Ele se encontra na casca da árvore quinquina e foi isolado pela primeira vez em 1820. Como as quinquinas crescem muito longe da Europa, o quinino sintético era desejável — principalmente porque a malária era uma ameaça grave às ambições coloniais europeias em países tropicais. Fazer quinino foi o desafio apresentado a Perkin por seu professor.

Um dos métodos que Perkin experimentou deu errado e produziu um torrão preto de péssima aparência. Mas acontece que o torrão gerava um lindo tom de roxo, um pigmento que se tornou conhecido como malva de Perkin ou malveína. Perkin abriu uma fábrica para produzir o pigmento, cujo sucesso comercial foi tanto que ele ficou bastante rico. Ao mesmo tempo, a química orgânica teve um impulso tremendo em termos de popularidade e visibilidade pública. O sucesso de Perkin teve vida relativamente curta, pois a malveína gerou uma indústria de pigmentos sintéticos que logo levou à sua superação. Foi difícil descobrir a composição da malveína, e sua estrutura molecular só foi revelada em 1994.

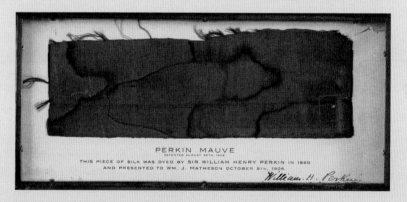

Seda tingida com um tom de malva com a malveína de Perkin.

campanha vigorosa contra o vitalismo, defendendo que todos os fenômenos químicos se baseiam em forças físicas mensuráveis e que não há neles nada remotamente misterioso nem especial. Ele conseguiu produzir muitos compostos orgânicos, inclusive hidrocarbonetos, gorduras e açúcares, diretamente a partir de ingredientes inorgânicos. O vitalismo estava verdadeira e definitivamente morto.

Além das ligações

A percepção de que havia isômeros diferentes com a mesma fórmula levou os químicos a pensar mais nas ligações.

O carbono é especial

O carbono forma uma variedade maior de compostos do que todos os outros elementos. A razão de conseguir isso — e a razão de constituir uma excelente base para os organismos vivos — é que os átomos de carbono podem se ligar uns aos outros e formar longas cadeias. Essas cadeias podem ter ramificações, e cadeias ou redes de ramificações também podem se dobrar de forma diferente. Assim, cria-se um potencial infinito de arranjos diferentes de carbono com outros elementos. Os elementos mais encontrados em combinação com o carbono em compostos orgânicos são hidrogênio, oxigênio e nitrogênio.

A capacidade do carbono de formar uma miríade de formas complexas vem de

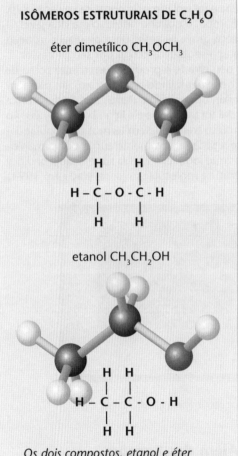

ISÔMEROS ESTRUTURAIS DE C_2H_6O

éter dimetílico CH_3OCH_3

etanol CH_3CH_2OH

Os dois compostos, etanol e éter dimetílico, contêm os mesmos átomos – dois de carbono, seis de hidrogênio e um de oxigênio — em disposições diferentes, produzindo compostos com características diferentes. O etanol é um álcool líquido em temperatura ambiente, e o éter dimetílico é um éter gasoso em temperatura ambiente.

BIOLOGIA ALIENÍGENA

Alguns escritores de ficção científica imaginam uma biologia alienígena baseada no elemento silício e não no carbono. Em teoria, isso é totalmente possível. Como o carbono, o silício tem quatro elétrons não pareados e é relativamente abundante. Mas há problemas: o átomo de silício é maior, não forma ligações duplas com facilidade e se combina a menos elementos do que o carbono. Na Terra, o dióxido de carbono é um gás com papel essencial nos processos vivos. O dióxido de silício (sílica) é um sólido, o principal componente da areia. Para o silício ser a base de formas de vida alienígenas, a química de seu mundo seria muito diferente da nossa — e muito inóspita para nós.

Imagem de um diátomo marinho, forma de vida baseada em carbono que extrai silício da água do mar e o usa para construir suas paredes celulares.

sua valência (a capacidade de se combinar com outros elementos e formar compostos). A descoberta dos detalhes das ligações de carbono e de sua variedade foi a chave para entender a química orgânica e utilizá-la.

Cadeias de carbono

O químico alemão August Kekulé (1829-1896) formulou, na década de 1850, a teoria da estrutura química. Em 1857, ele anunciou a tetravalência do carbono — a capacidade do átomo de carbono de formar quatro ligações — e, no ano seguinte, publicou um artigo sobre a capacidade dos átomos de carbono de formar cadeias longas. No mesmo ano, o químico escocês Archibald Couper descobriu, de modo independente, a capacidade dos átomos de carbono de se ligarem; ele também criou o método de mostrar a estrutura molecular usando linhas para representar as ligações entre os átomos. Kekulé construiu estruturas químicas usando *Verwandtschaftseinheiten* (unidades de afinidade) para mostrar de que modo os átomos se interligavam numa estrutura coerente; com isso, facilitou muito a análise e a síntese dos compostos orgânicos. Em consequência, os químicos orgânicos ficaram muito mais produtivos.

A química em crise: Karlsruhe

Tudo parecia ir bem na química orgânica, mas havia um grande problema. Quando publicou seu livro sobre química orgânica, Kekulé apresentou dezenove fórmulas que tinham sido sugeridas para o ácido acético, que nem é um composto orgânico complexo; sua forma correta é CH3COOH. O problema surgiu porque os pesos atômicos não podiam ser determinados combinando-se o peso dos elementos sem um conhecimento específico das fórmulas de alguns compostos básicos e simples. Em consequência, nenhuma outra fórmula podia ser derivada com confiança e exatidão.

Muitos químicos tentaram trabalhar com pesos combinados, mas isso causava problemas. Combinar 16 g de oxigênio com 2 g de hidrogênio produz 18 g de água. Isso dá pesos equivalentes (combinados) de 8 para o oxigênio e 1 para o hidrogênio, mas os pesos atômicos são 16 para o oxigênio e 1 para o hidrogênio. Só podemos deduzir o peso atômico se soubermos que a fórmula da água é H_2O. Charles Gerhardt sugeriu o sistema de usar os

Kekulé revolucionou a química orgânica a partir da estrutura molecular.

CAPÍTULO 7

pesos atômicos, mas poucos o aceitaram. Parecia não haver como avançar.

Assim, em 1859 Kekulé propôs um simpósio internacional para abordar e discutir os problemas enfrentados pela química, que se realizou em 1860 em Karlsruhe, na Alemanha. O convite, enviado a todos os principais químicos europeus, pedia uma reunião para formular "definições mais precisas dos conceitos de átomo, molécula, equivalente, atomicidade, alcalinidade etc.; discussão dos verdadeiros equivalentes de corpos e suas fórmulas; iniciação de um plano de nomenclatura racional."

Pelo fato de não ter chegado a um acordo, a conferência pode ser considerada um fracasso. Mas ela trouxe à luz a questão e definiu o problema. A contribuição mais importante foi a do químico italiano Stanislao Cannizzaro (1826-1910), no último dia. Ele distribuiu um panfleto que contava o histórico da dificuldade dos pesos atômicos e defendia que o gás hidrogênio fosse considerado como H_2. Sua explicação de como os pesos atômicos deveriam ser deduzidos a partir do mais baixo peso combinado já observado era convincente e, depois da conferência, o sistema de Gerhardt se generalizou. Cannizzaro usou o achado de Avogadro de que, em temperatura fixa, a massa de um volume fixo sempre contém o mesmo número de partículas, de modo que a massa molecular relativa de um gás pode ser calculada a partir da massa de uma amostra com volume conhecido. A massa molecular pode ser um múltiplo inteiro da massa atômica; por exemplo, no caso do hidrogênio, que existe como uma molécula diatômica (isto é, dois átomos de hidrogênio unidos), a massa molecular é o dobro da massa atômica.

Foi nesse momento, quatro anos após sua morte, que a importância do trabalho de Avogadro foi reconhecida. Mal reconhecido em vida, hoje Avogadro é considerado um dos principais personagens do desenvolvimento da química molecular. Em 1894, Wilhelm Ostwald chamou de "mol" (do alemão *Molekül*, "molécula") o número de partículas em 1 g de hidrogênio ou 16 g de oxigênio, que, em 1909, foi finalmente calculado por Jean Perrin como $6,022140857(74) \times 10^{23}$. O número surge logicamente a partir do trabalho de Avogadro e foi batizado em sua homenagem.

Sonho com serpentes

Mesmo com as noções de cadeias e ligações cruzadas, nem toda estrutura molecular se encaixava claramente no modelo do carbono tetravalente. Uma substância que deixava Kekulé e outros perplexos era o benzeno. Sua fórmula empírica é C6H6; parecia não haver nenhum modo de fazer isso dar certo, com cada átomo de hidrogênio tendo apenas uma ligação e cada átomo de carbono, quatro. O modo como Kekulé encontrou a solução se tornou lendário. Depois de ponderar de forma infrutífera, ele afirmou que cochilava quando viu a imagem de uma serpente comendo a própria cauda — o antigo uróboro. Ele percebeu que, se formasse um anel com os átomos de carbono, a fórmula do benzeno daria certo. Assim, ele arrumou os átomos de carbono num hexágono, com ligações simples e duplas alternadas entre eles, usando três de suas quatro ligações possíveis; então, cada um deles também podia se ligar com um único átomo de hidrogênio. Ele publicou a solução em 1865. Em resposta a críticas relativas a isômeros (ver abaixo), ele ajustou seu modelo em 1872 para que as ligações simples e duplas trocassem de lugar constantemente, de modo

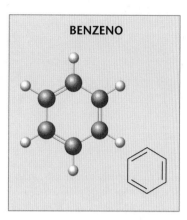

O uróboro, antigo símbolo alquímico (acima à esquerda), inspirou Kekulé a arrumar em anel os seis átomos de carbono do benzeno.

que cada uma era simples na metade do tempo e dupla na outra metade, tornando equivalentes todas as ligações. Por essa razão, é comum representar o benzeno como um hexágono que cerca um anel, em vez de usar ligações simples e duplas alternadas.

Os indícios físicos que dão apoio à estrutura de Kekulé vieram de sua investigação dos derivados de benzeno. Ele descobriu que, quando uma única substância ou grupo químico substitui um dos átomos de hidrogênio (um monoderivado), só há uma versão e não duas, de modo que todas as ligações de carbono são equivalentes. E que, quando dois elementos ou grupos são acrescentados, substituindo dois átomos de hidrogênio (ou "biderivado"), três isômeros podem ser produzidos. Ele explicou que isso resultava do número de ligações carbono-carbono entre os átomos de hidrogênio substituídos: uma, duas ou três. O número de isômeros possíveis indica que todas as ligações de carbono são equivalentes. Os derivados de benzeno — todos os compostos que incluem um ou mais anéis de benzeno — são chamados de aromáticos. (Muitos compostos aromáticos, mas não todos, são aromáticos no sentido normal — isto é, têm cheiro.)

Para cima e para baixo

O modo comum de representar estruturas moleculares linhas entre átomos para mostrar as ligações sugere que a molécula fica toda no mesmo plano. O reconhecimento de que não é assim e que as moléculas ocupam espaço tridimensional está no âmago da "estereoquímica".

Moléculas espelhadas

Num composto inorgânico simples, em geral só há uma maneira de arrumar os átomos. Numa molécula maior, e principalmente nos compostos orgânicos, pode haver várias maneiras de arrumar os mesmos átomos, como vimos, produzindo isômeros com a mesma fórmula empírica. Mas uma diferença ainda mais sutil é que o mesmo arranjo pode ter orientação diferente, de modo que, em duas versões, cada átomo ocupa a mesma posição, mas uma molécula

CAPÍTULO 7

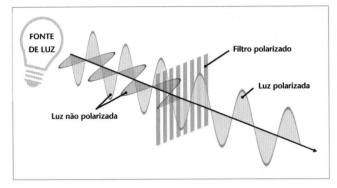

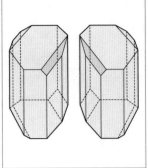

A luz costuma vibrar em várias direções, mas a luz polarizada vibra num único plano. A ação de um cristal quiral, como o ácido tartárico, rotaciona o plano de vibração da luz polarizada.

Os isômeros ópticos do ácido tartárico são imagens espelhadas um do outro.

é a imagem espelhada da outra. É o chamado isômero óptico ou enantiômero.

De 1815 a 1835, o físico francês Jean-Baptiste Biot descobriu que vários compostos orgânicos em estado líquido ou em solução giram a luz polarizada. Entre eles, estão a terebintina, a sacarose, a cânfora e o ácido tartárico. Ele deduziu que algo na estrutura das moléculas causava esse efeito. Em 1820, um subproduto da fabricação de ácido tartárico se mostrou quimicamente idêntico ao ácido tartárico, mas não

---

QUIRALIDADE

Na verdade, a quiralidade é a "mão dominante" das moléculas. Os objetos quirais não podem se superpor a suas imagens espelhadas, assim como não se pode pôr a mão esquerda sobre a direita e cobri-la exatamente se as duas estiverem com a palma para o mesmo lado.

A quiralidade de uma molécula pode mudar completamente sua interação com outras substâncias e, às vezes, com o organismo. O medicamento talidomida, ministrado a grávidas para tratar a náusea na década de 1960, provocou graves defeitos congênitos. Depois se descobriu que apenas um dos dois isômeros ópticos da talidomida provoca deformidades; o outro é um sedativo eficaz. Mas, mesmo que se use o isômero correto, a molécula pode se converter na outra forma dentro do corpo, e os defeitos não teriam sido evitados com a produção mais cuidadosa de apenas um isômero de talidomida.

Isômeros ópticos de um aminoácido genérico; R representa uma cadeia lateral diferente em cada aminoácido.

rotacionava a luz polarizada, fenômeno que não podia ser explicado.

O enigma foi resolvido pelo brilhante químico e biólogo francês Louis Pasteur (1822-1895) quando tinha apenas 25 anos. Ele comparou amostras de ácido tartárico e do novo ácido chamado de racêmico por Gay-Lussac em 1826 e descobriu que, embora ambos tivessem cristais com o mesmo formato, havia duas variedades de cristal no ácido racêmico. Um deles tinha facetas específicas voltadas para a esquerda, o outro as mesmas facetas voltadas para a direita. Ao separar os dois, ele descobriu que ambos rotacionavam a luz polarizada, mas em direções opostas. Na mistura do ácido racêmico, eles se cancelavam. Ele percebeu que os cristais, e na verdade as moléculas, eram imagens espelhadas um do outro. Lorde Kelvin os chamou de "quirais" em 1893 (da palavra grega que significa mão, para sugerir destro e canhoto). Logo ficou claro que a quiralidade de uma molécula orgânica afeta sua interação com o corpo vivo. A quiralidade é importantíssima no modo como alimentos e remédios funcionam e são absorvidos.

Carbono assimétrico

A natureza física das moléculas quirais foi explicada pelo químico holandês Jacobus van't Hoff (1852-1911) e pelo químico francês Joseph Le Bel, de modo independente e no mesmo ano de 1874. Van't Hoff é considerado o pai da físico-química e ganhou o primeiro Prêmio Nobel de Química em 1901.

Mesmo antes de publicar sua tese de doutorado, Van't Hoff produziu um folheto no qual propunha um modelo tetraédrico para o átomo de carbono. Se cada uma das ligações de carbono se prender a um átomo ou grupo diferente, o átomo de carbono é assimétrico. Ao mudar o arranjo das ligações, isômeros diferentes podem ser construídos com os mesmos ingredientes. Ele descreveu o átomo de carbono como tetraédrico, não querendo dizer que realmente tivesse essa forma, mas que o átomo de carbono é uma esfera no meio de um tetraedro definido pelas ligações que formará. As ligações feitas em várias direções explicavam as propriedades diferentes de isômeros que, pelas fórmulas, pareciam indistintos.

A princípio, a ideia foi ridicularizada e recebeu críticas cruéis. O químico alemão Hermann Kolbe acusou Van't Hoff de não ter "apreço pela investigação química exata" e de se lançar num voo da imaginação

O medicamento talidomida causou defeitos congênitos, em geral membros encurtados ou inexistentes, nos filhos de algumas mulheres que o tomaram durante a gestação.

CAPÍTULO 7

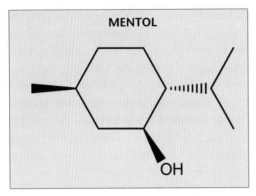

O mentol representado com a convenção de Van't Hoff. O anel de benzeno fica no plano da página; o grupo OH, na frente da página; a ligação à direita (a dois grupos CH_3), atrás da página.

sobre a arrumação dos átomos no espaço. Mas em 1880 a ideia começou a ganhar terreno.

Van't Hoff desenvolveu um modo de representar moléculas no espaço tridimensional. A ligação que sai do plano da página é representada por uma cunha; o lado mais largo da cunha sai da página. Uma ligação representada por uma linha pontilhada vai para trás da página. Linhas simples representam ligações no mesmo plano da página.

A química da vida

A partir de meados do século XIX, a química orgânica prosperou. O vitalismo tinha sido derrubado, e as ligações entre os átomos de compostos complexos estavam ficando mais claras. Os químicos descobriram fórmulas e estruturas de muitos compostos orgânicos que ocorriam naturalmente e começaram a sintetizá-los em laboratório. Também começaram a fazer, tanto deliberada quanto acidentalmente, compostos orgânicos que não ocorrem na natureza.

Ao mesmo tempo, o campo da bioquímica começou a surgir. Depois que se reconheceu que, fundamentalmente, a química dos organismos vivos é igual a toda a química, os processos dos organismos vivos se abriram à investigação. Em 1896, a equivalência das reações químicas em contextos vivos e não vivos seria demonstrada de forma conclusiva por Eduard Buchner.

Química dentro e fora dos corpos

Há pelo menos nove mil anos, os seres humanos aproveitam a ação das leveduras na fermentação do açúcar para fazer álcool; os indícios mais antigos de bebidas alcoólicas (feitas de mel, arroz e frutas) datam

---

MECÂNICA OU QUÍMICA?

No século XVII, os fisiologistas discordaram sobre a digestão: seria um processo químico ou mecânico? O ácido decompunha a comida no estômago ou a comida era triturada pelos dentes e depois pelos movimentos do estômago? Algumas experiências bastante desagradáveis sugeriram que havia substâncias químicas em ação. No século XVIII, o cientista francês René de Réaumur fez experiências com falcões, e Lazzaro Spallanzani realizou investigações com vários animais e até consigo mesmo, usando comida vomitada e sucos gástricos para tentar imitar a digestão fora do corpo.

A questão foi resolvida de forma conclusiva na década de 1820, quando o cirurgião americano William Beaumont teve oportunidade de fazer experiências com a digestão *in situ*. Com um paciente que tinha um furo no abdome que ia até o estômago (em consequência de um ferimento a bala), ele descobriu que a comida se dissolve da mesma maneira no estômago ou em sucos gástricos extraídos do estômago e aquecidos. Isso provou que a digestão era, definitivamente, um processo químico.

LIGAÇÕES DA VIDA

da China neolítica. Mas ninguém entendia o processo até o século XIX. Na década de 1850, Louis Pasteur investigou a fermentação e a ação das bactérias no azedamento de vinho, leite e outros alimentos. Ele descobriu que as leveduras são organismos vivos necessários para o processo de fermentação e anunciou seu resultado em 1856: "A fermentação alcoólica é um ato relacionado à vida e à organização das células de levedura, não à morte nem à putrefação das células."

Em 1896, Buchner provou que Pasteur não estava completamente certo e demonstrou que a função realizada pelas leveduras continua mesmo que a levedura seja destruída e só esteja presente o conteúdo de suas células. Ele chegou a isolar a enzima responsável, que chamou de zimase. Embora produzida pela levedura, ela é apenas uma substância química que cumpre a mesma função tanto na célula viva quanto isolada num tubo de ensaio. Parecia que química é química, não importa onde nem como ocorra.

As enzimas são catalisadores que facilitam ou apressam as reações químicas. Em 1926, o químico americano James Sumner mostrou que a enzima ureia é uma proteína pura e pode ser cristalizada. Isso foi questionado, porque na época não se acreditava que proteínas pudessem ser catalisadores. Em 1929, John Northrop e Wendell Stanley demonstraram de forma definitiva que três enzimas digestivas são, na verdade, proteínas. Isso abriu caminho para a descoberta da composição molecular das enzimas por cristalografia de raios X (ver a página 186). A primeira enzima a ter sua estrutura elucidada foi a lisozima, encontrada nas lágrimas, na saliva e na clara de ovo, revelada pelo químico inglês David Phillips em 1965.

Ciclos químicos

Depois que ficou claro que os processos que ocorriam nos corpos vivos são químicos, surgiram outras perguntas. Quais substâncias químicas são usadas? De onde elas vêm? Onde vão parar? Como a miríade de reações químicas do organismo realizam os processos da vida?

A primeira pessoa a descobrir um ciclo químico completo foi o químico de origem alemã Hans Krebs. Em 1937, trabalhando na Inglaterra, ele identificou o ciclo do ácido cítrico — às vezes chamado de ciclo de Krebs em sua homenagem. O ciclo descre-

Um frasco do tipo usado por Louis Pasteur em sua experiência com a fermentação. Ele descobriu que a fermentação só ocorria se micro-organismos do ar (leveduras) conseguissem entrar no líquido do frasco.

CAPÍTULO 7

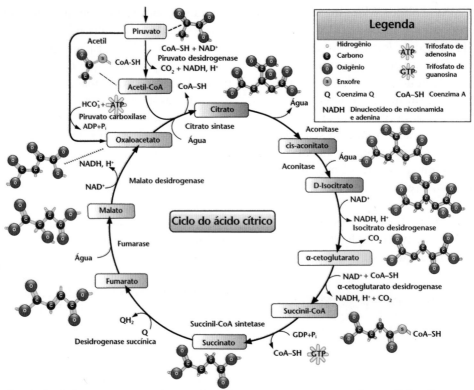

O ciclo de Krebs é uma série muito complexa de reações que ocorre em todas as células. Faz parte de um procedimento ainda mais complexo que permite aos organismos retirar energia do alimento.

ve as vias metabólicas pelas quais os organismos obtêm e armazenam energia. Começa com a acetilcoenzima-A e, por uma série de reações conduzidas por enzimas, a energia é colhida das ligações de sua molécula e armazenada para uso na célula.

Para nossos propósitos, mais importante do que os detalhes do ciclo de Krebs é sua condição de primeira prova de que todos os processos da vida se reduzem a uma sequência de reações químicas. Desde 1937, identificaram-se muitas outras vias metabólicas. Elas se dividem nas que liberam energia pela decomposição de moléculas complexas (vias catabólicas) e nas que usam energia para construir moléculas complexas (vias anabólicas). Os detalhes da bioquímica estão além do alcance deste livro.

Um caminho longo

Embora o ciclo de Krebs fosse o primeiro a ser revelado, a primeira via metabólica explorada foi a glicólise. Essa é a via que transforma glicose (um açúcar) em piruvato; o piruvato é o ponto de partida do ciclo de Krebs. Essa via levou cem anos para ser montada, em parte porque no começo ninguém a procurava. A jornada começou com a descoberta de Pasteur de que a fermentação é realizada por leveduras e entrou nos trilhos com a descoberta de Buchner de que o organismo vivo da levedura não é necessário.

LIGAÇÕES DA VIDA

Spallanzani (ver a página 154) convenceu (provavelmente, com relutância) as aves a engolirem cápsulas presas a um fio, para que ele pudesse recuperá-las e investigar o processo da digestão.

A partir de 1905-1911, Arthur Harden e William Young mediram o aumento e a queda do nível de dióxido de carbono quando se aqueciam levedura e glicose juntas. Eles descobriram que acrescentar um fosfato inorgânico reiniciava o processo, levando-os a concluir que um produto do processo eram ésteres fosfatados orgânicos. Com um pouco mais de trabalho, eles extraíram frutose-1,6-bisfosfato. Outros continuaram a montar a via complexa e descobriram que havia enzimas responsáveis em cada estágio das reações de catálise até que, na década de 1930, o químico fisiológico alemão Gustav Embden delineou os principais estágios da via. As últimas peças se encaixaram na década de 1940.

No decorrer do século XX, ficou cada vez mais claro que, na verdade, os organismos vivos são comunidades de proteínas que trabalham em conjunto numa série extremamente complexa de vias e tarefas, da hemoglobina que transporta oxigênio no sangue ao RNA mensageiro que interpreta e implementa instruções genéticas e aos neurotransmissores que levam os sinais nervosos de e para o cérebro (e dentro dele). As atividades são puramente químicas e, em teoria, podem ser todas reproduzidas em laboratório, caso haja conhecimento e recursos suficientes. Ainda não chegamos lá, mas não é necessário nenhuma magia nem espírito vitalista para fazer a química da vida funcionar.

A cura química

Assim como está no centro do corpo vivo e funcional, a química também oferece um modo de tratar o corpo que não esteja funcionando bem. O uso de substâncias químicas inorgânicas para tratar doenças pode ser atribuído a Paracelso e a outros iatroquímicos antigos, mas a maioria dos remédios deriva de fontes animais ou vegetais. No fim do século XIX, um remédio antes extraído de plantas foi sintetizado pela primeira vez em laboratório. Esse remédio foi a aspirina ou ácido acetilsalicílico, forma modificada do ácido salicílico encontrado na casca do salgueiro.

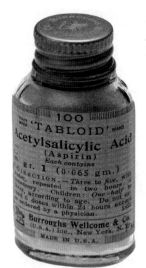

Um vidro de aspirina produzida por Burroughs Wellcome & Co., Nova York, no século XIX.

Casca de salgueiro, Napoleão e a primeira mala-direta

Os medicamentos feitos de salgueiro e outras plantas ricas em salicilatos são usadas desde a época suméria, quatro mil anos atrás. Eram empregados para tratar dor e febre na prática médica do Antigo Egito, da Grécia, da China, de Roma e da Europa medieval. Em 1763, um estudo do extrato de casca de salgueiro feito pelo reverendo Edward Stone mostrou o que todo mundo já sabia: que era eficaz contra dores e febres.

As novas investigações químicas começaram no século seguinte, provocadas, em parte, por Napoleão Bonaparte. O quinino trazido do Peru era o medicamento

---

O HEROICO REMÉDIO MILAGROSO

A princípio, a Bayer não se dispôs a investir muito esforço no desenvolvimento da salicina, pois os problemas digestivos que provocava pareciam um empecilho grave. Em vez disso, voltaram sua atenção para outro analgésico que estavam desenvolvendo. O novo medicamento era a diacetilmorfina, e os participantes do estudo disseram que era ótima, fazia com que se sentissem "heroicos". Assim, em 1874 a Bayer lhe deu o nome de "heroína" e a anunciou como uma alternativa segura e não viciante da morfina. Era vendida principalmente como supressor da tosse das crianças. Alguns anos depois, os problemas começaram a surgir. Não era "não viciante", como se afirmava, e algumas pessoas passaram a vender suas coisas velhas (junk, lixo em inglês) para arranjar dinheiro e alimentar seu hábito. Essas pessoas foram chamadas de junkies (hoje, sinônimo em inglês de "viciado").

preferido para a febre, mas em 1806 o bloqueio naval de Napoleão interrompeu o suprimento. Os químicos europeus começaram a procurar uma alternativa e exploraram variantes do ácido salicílico. Em 1828, Johann Büchner, professor da Universidade de Munique, isolou da casca de salgueiro a substância que chamou de salicina (da palavra latina que significa "salgueiro"). No ano seguinte, o farmacêutico francês Henri Leroux isolou uma forma cristalina pura de salicina e a usou para tratar a dor reumática. Mas houve problemas: o ácido salicílico puro irritava o estômago, provocando problemas como hemorragia e vômitos. Felix Hoffman, que trabalhava para a Bayer, empresa fabricante de medicamentos e corantes, recebeu a tarefa de encontrar um aperfeiçoamento. Foi uma tarefa que ele aceitou prontamente, pois o pai sofria de grave dor reumática e não tolerava mais os problemas es-

Ilustração de "Experiments and observations on the Cortex Salicis Latifoliae, or Broad-leafed willow bark" (Experimentos e observações sobre a casca de Salicis Latifoliae, ou salgueiro de folhas largas), 1803, que examinava a eficácia da casca do salgueiro no combate à febre.

POUCA SORTE COM SANGUE E REMÉDIOS

Grigory Rasputin, o místico russo, manipulador e influente, foi chamado pela família imperial russa em 1905 para tentar curar o adoentado príncipe Alexis. Horrorizado ao ver que tratavam o menino com aspirina, um remédio químico sintético, ele interrompeu o tratamento e aplicou outros mais "místicos". Provavelmente os tratamentos místicos não fizeram bem algum a Alexis, mas retirar a aspirina melhorou imensamente seu estado, pois ele era hemofílico (ou seja, seu sangue não coagulava). A aspirina simplesmente piorava seu problema sanguíneo. O sucesso de Rasputin no tratamento do tsarévitch contribuiu para a confiança da tsarina e sua devoção por ele, aumentando o poder de Rasputin sobre a família imperial russa.

tomacais causados pelo ácido salicílico. Em 1897, Hoffman descobriu que, se modificasse levemente o ácido salicílico para fazer ácido acetilsalicílico, este era muito mais tolerado. Na época ele não sabia a razão, mas parece que o ácido acetilsalicílico é facilmente absorvido e depois, dentro do corpo, novamente convertido em ácido salicílico. Ou é o que contam. Em 1949, Arthur Eichengrün, ex-funcionário da Bayer, afirmou que inventara a aspirina e que Hoffman trabalhava sob instruções suas. Durante muito tempo, a alegação foi desdenhada, mas em 1999 o pesquisador Walter Sneader sustentou a versão de Eichengrün.

Embora não recebessem apoio da Bayer, Hoffman/Eichengrün e colegas continuaram a desenvolver seu novo ácido acetilsalicílico, o que foi bom, porque a Bayer logo precisou dele quando a heroína provocou problemas (ver quadro na página 158). A Bayer o lançou em 1899 com a marca registrada "Aspirin", vendendo-o com a primeira mala-direta em massa da história (enviada a trinta mil médicos). Logo depois do lançamento, também foi o primeiro medicamento vendido em comprimidos. Era considerado um medicamento milagroso: um tratamento fácil e barato para dores e febres sem nenhum dos problemas viciantes da heroína. Logo se tornou popular e foi fabricado no mundo inteiro, em posição incontestável até que o paracetamol (acetaminofeno nos EUA) foi lançado em 1956. Na verdade, a aspirina se tornou ainda mais milagrosa em 1953 quando um clínico geral da Califórnia notou que nenhum de seus pacientes que a tomavam sofria enfartes.

O conceito de "bala mágica" de Paul Ehrlich era um medicamento projetado para afetar apenas um vetor específico da doença.

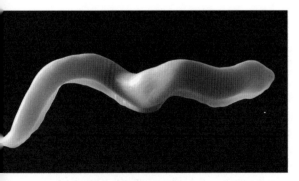

Trypanosoma brucei, *parasita que causa a doença do sono, moléstia fatal endêmica na África subsaariana (ver a página ao lado).*

LIGAÇÕES DA VIDA

> **NÃO VÁ LÁ!**
>
> Em 1939, Domagk ganhou o Prêmio Nobel de Medicina por descobrir o Prontosil, mas foi forçado pelo Partido Nazista, então no governo, a recusá-lo e passou uma semana preso pela Gestapo. Os alemães foram proibidos de aceitar prêmios Nobel depois que Carl von Ossietzky, crítico dos nazistas, recebeu o prêmio da Paz em 1935. Domagk finalmente recebeu sua medalha do Nobel em 1947, mas perdeu a parte financeira do prêmio, porque se passara tempo demais entre a premiação e a aceitação.

Isso foi explicado em 1971, quando o farmacologista inglês John Vane descobriu como a aspirina funciona. Ela suprime a produção de prostaglandinas, substâncias envolvidas tanto na sensibilização dos neurônios espinhais à dor quanto na contração e na dilatação dos músculos. Mas também interrompe a produção de tromboxanos, que, ao lado das prostaglandinas, estão envolvidos na coagulação sanguínea. Os coágulos formados nas artérias do coração são uma causa comum de enfartes.

Balas mágicas

A aspirina foi feita com a sintetização de uma substância que ocorre na natureza e era usada havia milênios, embora com uma pequena mudança de composição. O próximo passo foi a produção de remédios com pouca ligação com substâncias químicas que existem na natureza.

Na segunda metade do século XIX, os químicos fizeram e experimentaram muitos compostos orgânicos, geralmente descobrindo que matavam os agentes que causavam doenças mas prejudicavam tanto o corpo humano que não eram úteis como medicamentos. Uma dessas substâncias foi o atoxil (ácido arsanílico). Ele matava o tripanossoma que provoca a doença do sono, mas provocava cegueira no paciente.

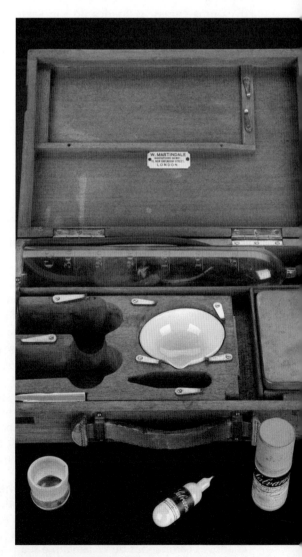

Um conjunto para ministrar Salvarsan por injeção, 1912.

CAPÍTULO 7

O químico alemão Paul Ehrlich teve uma ideia inspirada. Ele estava interessado em explorar os usos de substâncias químicas no controle de doenças, e lhe ocorreu que a parte da molécula que faz o bom trabalho (matando parasitas, por exemplo) talvez não fosse a mesma que causava os danos (como provocar cegueira). Em 1906, ele fez um plano: criar muitas variantes da molécula e experimentar todas; talvez uma curasse a doença do sono sem deixar os pacientes cegos. Em 1908, ele ganhou o Prêmio Nobel de Química por esse conceito, que chamou de "bala mágica". Ehrlich descobriu a estrutura molecular do atoxil e começou a fazer versões modificadas, que testava em camundongos. Em 1909, descobriu uma substância química que curava a sífilis e era segura para uso humano. Chamou-a de Salvarsan, e ela logo se tornou o medicamento mais receitado do mundo.

O bacteriologista alemão Gerhard Domagk seguiu o mesmo princípio. Em 1932, ele testava sulfonamidas em camundongos de laboratório infectados com bactérias. Descobriu que uma delas, o Prontosil, era muito eficaz. Antes que tivesse oportunidade de testá-lo em seres humanos, sua filha ficou muito doente e não melhorava com nenhum remédio. Ele resolveu arriscar, deu-lhe uma dose de Prontosil e, extasiado, viu a filha se curar. Então, ele organizou estudos clínicos, e o medicamento foi aprovado com sucesso imediato. Mas o Prontosil é uma molécula complexa, difícil de manufaturar. Em 1936, o Instituto Pasteur, em Paris, constatou que a parte eficaz é a sulfanilamida, que logo superou o Prontosil.

DA ACETONA A ISRAEL

A penicilina não foi o primeiro exemplo de manufatura química realizada por um processo biológico em escala industrial. Essa honra vai para a produção de acetona [(CH3)2CO] durante a Primeira Guerra Mundial. A acetona é essencial para produzir cordite, explosivo mais poderoso do que a pólvora. O químico Chaim Weizmann, de origem russa, desenvolveu um processo de produção de acetona a partir da fermentação de glicose ou amido pela Clostridium acetobutylicum, bactéria resistente a ácidos. O processo de Weizmann logo foi ampliado para produzir acetona para as forças aliadas e foi uma contribuição significativa a seu sucesso militar.

Em 1917, a atividade submarina alemã reduziu o fornecimento de milho americano (uma das fontes de amido usadas) à Grã-Bretanha, e as batatas e o trigo britânicos eram necessários como alimento. Escolares e escoteiros foram instados a colher bolotas e castanhas-da-índia — frutos, respectivamente, do carvalho e da castanheira-da-índia — para a produção de acetona. Cerca de três mil toneladas de castanhas-da-índia foram colhidas e levadas de trem a fábricas secretas.

Weizmann também era um sionista conhecido e entusiasmado, que dedicou esforço considerável a influenciar personagens políticos da Grã-Bretanha (sua pátria de adoção) em prol da formação de um Estado judeu. A importância de seu processo de produção de acetona ajudou-o a conquistar simpatia para a causa. Quando o Estado de Israel foi criado, as campanhas de Weizmann e sua contribuição ao esforço de guerra foram reconhecidas. Ele se tornou o primeiro presidente de Israel na fundação do Estado em 1949.

LIGAÇÕES DA VIDA

O mofo Penicillium cresce numa placa de agar-agar.

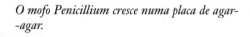

O Salvarsan, o Prontosil e as sulfanilamidas salvaram muitas vidas, mas na década de 1940 os medicamentos do tipo "bala mágica" foram superados pelos antibióticos, outra descoberta acidental que devolveu o papel da manufatura aos organismos naturais.

Os fungos de Fleming

A história da descoberta do antibiótico penicilina é bem conhecida. O biólogo e farmacologista escocês Alexander Fleming vinha fazendo culturas de estafilococos em placas de agar-agar; ao sair de férias, empilhou-as para descarte. Na volta, encontrou um espaço limpo numa das placas, onde as bactérias tinham sido mortas pelo mofo Penicillium notatum que crescera nela. A investigação mostrou que o "suco de mofo" (como ele dizia) matava outros tipos de bactéria, como estreptococos, meningococos e o bacilo da difteria. Ele deu aos assistentes a tarefa de isolar a substância ativa que o mofo produzia. Ela era difícil de extrair e quimicamente instável, e, embora Fleming publicasse seu resultado em 1929, passaram-se dez anos até a penicilina se tornar um medicamento usável.

O trabalho para transformar suco de mofo em remédio foi realizado em Oxford por Howard Florey e Ernst Chain, oriundos, respectivamente, da Austrália e da Alemanha. Eles transformaram seu laboratório numa fábrica de produzir penicilina e produziam o caldo de fungo em banheiras, latões de leite e comadres. O primeiro estudo em 1941 foi ao mesmo tempo estimulante e desapontador; eles trouxeram da beira da morte o primeiro paciente, um policial ferido, mas o perderam alguns dias depois quando a penicilina acabou. Mas sua eficácia foi provada, e a penicilina logo entrou em produção e salvou a vida de feridos na Segunda Guerra Mundial.

Quando a química do corpo dá errado

Alguns tipos de doença são causados por micro-organismos invasores, como as bactérias tratadas com penicilina, mas outros resultam do mau funcionamento dos sistemas químicos do próprio organismo. Como descoberto na década de 1950, todos os processos do corpo giram em torno da produção e do funcionamento das proteínas. Acredita-se que o número de proteínas do corpo humano fique por volta de vinte mil a qualquer momento, de um

CAPÍTULO 7

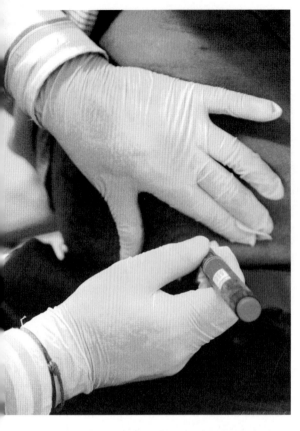

Injeções de insulina ajudam os diabéticos a controlar a doença.

repertório total de mais de um milhão, e há um bom potencial de erros.

Doce e fatal

Uma das enzimas descobertas no século XIX foi a insulina, produzida no pâncreas e importante para regular a absorção de açúcar. Em 1889, o físico polaco-alemão Oskar Minkowski removeu o pâncreas de um cachorro para testar seu funcionamento. Logo se viram moscas enxameando em torno da urina do cão, que estava doce. Ficou claro que o pâncreas está envolvido na absorção ou excreção de açúcar. Mesmo assim, só em 1921 se extraiu insulina do pâncreas e se provou seu papel, o que levou à descoberta de que é possível controlar o diabete ministrando insulina.

A princípio, a insulina só podia ser obtida do pâncreas de outros animais, geralmente porcos. Mas, em 1951 e 1952, a estrutura química de duas formas de insulina foi descoberta pelo bioquímico britânico Frederick Sanger; a primeira insulina sintética foi produzida uma década depois. Hoje, a maior parte da insulina usada para tratar o diabete vem da bioengenharia; é produzida por leveduras ou uma bactéria (*Escherichia coli*) geneticamente modificada para produzir insulina humana. A técnica foi usada pela primeira vez em 1978. A manufatura de moléculas bioativas foi devolvida aos organismos vivos; só que, dessa vez, estamos no comando, e os organismos foram reprojetados como fábricas químicas.

Substâncias do passado

Das duas fontes naturais de compostos orgânicos, organismos vivos e depósitos fossilizados, o segundo é mais fácil de explorar com volume. Carvão, petróleo e gás natural são produtos da fossilização ou decomposição de material orgânico. O carvão e o petróleo são produzidos durante milhões de anos; o carvão que queimamos hoje surgiu como árvores vivas trezentos milhões de anos atrás. O gás natural — principalmente metano — é produzido pela decomposição de material orgânico enterrado bem fundo ou pela ação de micro-organismos em charcos, pântanos e sedimentos rasos.

Perkin descobriu seu pigmento malva enquanto fazia experiências com alcatrão, na tentativa de fazer quinino. Muitas outras substâncias úteis viriam do trabalho com petróleo e alcatrão em suas várias formas, algumas delas também descobertas por acidente (ver a página 196).

Bolhas de gás metano soltas por plantas e presas sob o gelo do lago Abraham, no Canadá.

Tesouro subterrâneo

O "ouro negro" não é uma descoberta nova. Vários tipos de combustível fóssil são conhecidos há milênios em alguns lugares do mundo, e seu processamento químico começou há muito tempo. O betume é uma forma de petróleo grossa, negra e grudenta. Foi descoberto e usado para construir muros e torres na Babilônia quatro mil anos atrás. Os primeiros poços de petróleo foram abertos na China antes de 347 a.C.; no século X, transportava-se petróleo em oleodutos de bambu. O petróleo era usado como combustível para evaporar água da salmoura e produzir sal. No século VII, a gasolina era conhecida no Japão como "água que queima".

Os combustíveis fósseis são uma mistura complexa de substâncias químicas, inclusive compostos que são imensas cadeias de hidrocarbonetos que incorporam ramificações e anéis de benzeno. Podem ser aproximadamente separados por destilação.

Fração por fração

Embora os alquimistas usassem muito a destilação, seu processo envolvia destilar a mesma substância várias vezes para purificá-la. A primeira destilação conhecida é o processo simples de ferver um líquido e recolher um único condensado. Um alambique básico datado de 3600 a.C. foi encontrado na Mesopotâmia e consiste de uma grande vasilha com capacidade para uns quarenta litros e um anel coletor que podia conter dois litros. Pode ter sido usado para fazer perfume. No século X, o químico árabe Ibn Sina fez o primeiro

CAPÍTULO 7

DESTILAÇÃO FRACIONADA

A destilação fracionada se realiza numa coluna mais quente em baixo e mais fria em cima. A mistura é aquecida embaixo e vaporizada. Os gases sobem pela coluna; os que têm ponto de ebulição mais alto se condensam primeiro (na parte baixa da coluna) e os que têm ponto de ebulição mais baixo continuam a subir como vapor até se condensarem a temperaturas mais baixas no alto da coluna. O processo não separa inteiramente os compostos um a um. Cada fração pode conter vários compostos com ponto de ebulição semelhante.

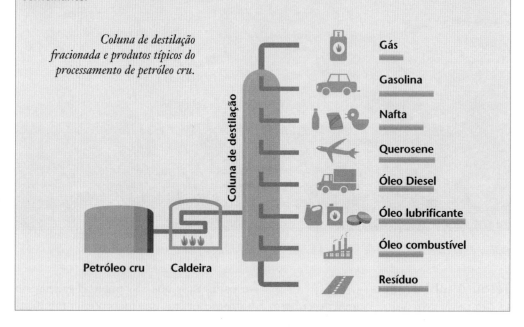

Coluna de destilação fracionada e produtos típicos do processamento de petróleo cru.

---

perfume moderno com a destilação de vapor: misturou água e pétalas de rosa, aqueceu-as juntas e recolheu o vapor destilado como água de rosas.

A destilação fracionada, que separa substâncias com ponto de ebulição diferente, foi desenvolvida no final do século XVIII. Baseava-se nas leis físicas da pressão parcial dos gases numa mistura, descobertas por Dalton e Raoult. A lei de Dalton afirma que a pressão total exercida por uma mistura de gases é igual às pressões parciais de cada componente. A lei de Raoult diz que a fração da pressão total produzida por cada componente é relativa à proporção molar do componente.

Um novo setor

Durante séculos, o petróleo foi encontrado escorrendo de pedras ou borbulhando no chão. Talvez o moderno setor petroquímico tenha começado em 1710 ou 1711, quando o físico suíço Eirini d'Eyrinys, nascido na Rússia, descobriu o asfalto e abriu uma mina de betume perto de Neuchâtel, na Suíça. Sua mina funcionou até 1986.

O primeiro poço e a primeira refinaria de petróleo foram construídos na Rússia em 1745 por Fiodor Priadunov, que destilou petróleo e produziu querosene para alimentar lâmpadas de mosteiros. Mas era uma operação em pequena escala. O

LIGAÇÕES DA VIDA

ESTRADAS ACIDENTAIS

O uso do macadame betuminoso para revestir estradas data de um pequeno acidente industrial em 1901 na Inglaterra. O engenheiro civil Edgar Hooley passava por uma fábrica de alcatrão quando notou que alguém derramara um barril de alcatrão na estrada; para cobrir a sujeira, tinham espalhado cascalho em cima. Hooley notou que a parte da rua coberta de alcatrão e cascalho não tinha poeira. No ano seguinte, ele desenvolveu e patenteou o macadame betuminoso como produto para revestimento de ruas e estradas.

Trabalhadores espalhando macadame betuminoso em Londres, na década de 1920.

avanço veio em 1847, quando o químico escocês James Young encontrou uma infiltração natural de petróleo no Derbyshire e descobriu que podia destilá-lo para produzir um fluido fino para lâmpadas e um mais grosso para lubrificação. Em 1850, ele patenteou processos para derivar várias substâncias do carvão, como a parafina (uma forma mais refinada de querosene). Ele formou uma sociedade e abriu a primeira petrolífera comercial do mundo na Escócia. Enquanto isso, o geólogo canadense Abraham Gesner descobriu como extrair querosene de carvão, óleo de xisto e betume. Isso levou à iluminação urbana com querosene, primeiro no Canadá e depois em Nova York e outras cidades americanas. O farmacêutico polonês Ignacy Łukasiewicz refinou o método e conseguiu extrair querosene de petróleo, disponível com muito mais facilidade.

Portanto, foi a destilação de querosene, usado primeiro na iluminação urbana, que nos pôs no caminho do uso de combustíveis fósseis e gás natural. A invenção do motor de combustão interna e o desenvolvimento do automóvel logo trouxeram mais demanda por produtos de petróleo. Mas no petróleo havia mais do que combustível. Os combustíveis fósseis, mais uma vez por acidente, geraram produtos que se tornaram fundamentais no consumismo do século XX — plásticos e fibras artificiais, como veremos no capítulo 9.

CAPÍTULO 8

O QUE TEM AÍ?

"Não há maneira mais segura de adquirir conhecimento do que quando se sabe o que está contido numa coisa e quanto dela há."

Jan Baptist van Helmont, 1644

O passo mais importante para investigar uma mistura ou composto é descobrir exatamente o que há nela. A tarefa de investigar a composição de uma substância química se chama análise. A química analítica é importante desde os primeiros dias da química. Em consequência, algumas técnicas usadas são antiquíssimas. Mas o trabalho não termina quando o químico tem uma lista de elementos. Como vimos, o modo como os átomos de um composto se arrumam também é importante.

Analista química que trabalha em controle de qualidade numa cervejaria da Mongólia.

CAPÍTULO 8

Investigação e identificação

Hoje, a análise é realizada por muitas razões: para assegurar a qualidade ou a pureza de uma substância, para revelar sua composição e copiá-la e para investigar problemas como contaminação e poluição. Neste último caso, também temos a perícia judicial, que identifica venenos, encontra aceleradores em casos de suspeita de incêndio criminoso e investiga cópias fraudulentas de produtos com marca registrada, como alimentos e cosméticos.

Química seca e úmida

Os métodos tradicionais de análise costumam ser divididos em "via seca" e "via úmida". Os métodos da via úmida incluem os testes químicos — por exemplo, acrescentar aos compostos substâncias que mudam de cor em presença de algum produto específico — e são típicos da bancada do laboratório, que muita gente vem a conhecer nas aulas de ciência na escola. A maioria dos laboratórios analíticos modernos substituiu ou ampliou esses métodos com

VERDE E FATAL

Os compostos de arsênio são ótimos pigmentos verdes, mas também extremamente tóxicos. No passado, foram usados para colorir tinta, papel de parede e até alimentos. No século XIX, um bolo com enfeites de açúcar verde corado com arsênio e vendido em Greenock, na Escócia, envenenou várias crianças.

Em 1858, em Bradford, na Inglaterra, o uso acidental de arsênio num lote de balinhas listradas provocou 21 mortes e mais duzentos casos de doença grave. O composto de arsênio foi erradamente vendido como substituto do açúcar e não como pigmento. Essa catástrofe levou à aprovação, em 1868, da Lei de Farmácia do Reino Unido, para controlar a venda de substâncias químicas venenosas.

Os riscos de usar arsênio na confeitaria satirizados numa charge do século XIX. A caixa de Plaster of Paris (gesso) alude a outra forma de adulteração menos perigosa.

O QUE TEM AÍ?

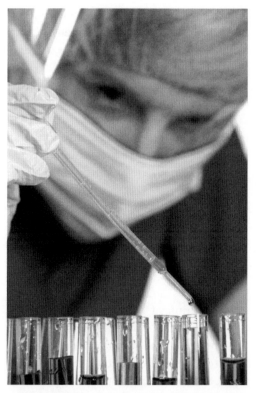

A análise ainda envolve um trabalho detalhado à mão, geralmente com equipamento que pouco mudou em mil anos.

dos ao ouro se oxidariam e se fundiriam aos lados do cadinho (ver abaixo), deixando ouro puro. Caso se pesasse com precisão a amostra de ouro antes e depois do tratamento, era possível determinar seu nível de pureza.

O primeiro método padronizado de análise data de 1343, quando Felipe VI da França estabeleceu instruções estritas e detalhadas de como testar a pureza do ouro. O método usado chamava-se "copelação" e já estava em uso generalizado antes do envolvimento do rei. O metal a ser testado é fundido com chumbo em vasilhas rasas chamadas copelas. O chumbo se oxida e tira o oxigênio dos óxidos (que são impurezas) do metal. Metais com ponto de fusão mais baixo do que a prata e o ouro se solidificam primeiro quando a mistura esfria. O óxido de chumbo é absorvido pela própria copela. Felipe VI estipulou que as copelas deviam ser feitas de cinza de broto de parreira e osso calcinado de patas de ovelha. Tinham de ser rasas, bem lavadas, instrumentos sofisticados. Desde meados do século XX, esse trabalho se automatizou cada vez mais. A princípio, os métodos da "via seca" usavam o calor de uma chama e estão entre os mais antigos.

Análises e avaliações

Talvez o uso mais antigo da análise química tenha sido para avaliar a pureza dos metais. Essa é a forma mais antiga de controle de qualidade, que testa, por exemplo, o ouro, aquecido em fornalhas, para ser testado e purificado, desde pelo menos 2600 a.C., na Babilônia. Quaisquer outros metais mistura-

Uma fornalha de copelação, 1556. O método da copelação foi aperfeiçoado no século XVI.

CAPÍTULO 8

> **DOS METAIS**
>
> Em De re metallica (1556), Georg Bauer (também conhecido como Georgius Agricola) dedicou um livro inteiro ao processo de avaliar e fundir minérios e separar e testar metais. Em geral, o processo de avaliação era uma versão em menor escala do processo de fundição para medir o minério e o produto. Seu livro foi o texto mais respeitado sobre mineração, fundição e a química associada à metalurgia durante cerca de 180 anos.

Extração de minérios metálicos, 1556.

polidas e tratadas com líquido contendo pó de galhadas de veado em suspensão para formar um revestimento branco e facilitar a remoção do material depois.

Um novo método de purificar ou avaliar o ouro foi desenvolvido no século XV. Uma amostra de ouro misturada com prata e cobre era fundida com antimônio; as impurezas reagiam com o antimônio e flutuavam na superfície do ouro.

Análise seca de coisas úmidas

Outra substância que comumente exigia análise era a água mineral. A análise era realizada por via seca: usava-se o calor da chama para evaporar a água e deixar para trás os solutos minerais. O químico examinava o formato e a cor dos cristais, os provaria e cheiraria e, talvez, os soprasse numa chama (sabia-se que o cloreto de sódio crepitava no fogo) ou aquecesse num ferro em brasa para observar o resultado.

O desenvolvimento dos tubos de soprar na segunda metade do século XVII permitiu aos químicos soprar ar no fogo, tanto para alimentar a chama com mais oxigênio e assim elevar a temperatura quanto para direcionar a chama com mais exatidão sobre a amostra, geralmente colocada sobre um bloco de carvão. Depois de 1800, quando o químico inglês William Wollaston aperfeiçoou a platina maleável, às vezes sustentava-se a amostra sobre um fio de platina para esse processo. As amostras eram frequentemente misturadas com carbonato de sódio ou com bórax (um composto de boro, sódio e oxigênio). Com o carbonato de sódio, podia-se obter produtos reconhecíveis na decomposição; com o bórax, talvez surgisse uma cor característica no bórax fundido com vidro, ajudando o químico a identificar a amostra.

COMA-ME, BEBA-ME

Os inspetores de segurança laboratorial de hoje levantariam as mãos com horror só de pensar, mas cheirar, pegar e provar substâncias para identificá-las era prática comum da química analítica até a segunda metade do século XX. Isso era praticado até na antiga medicina, e os médicos provavam a urina dos pacientes para identificar determinadas doenças. O nome diabetes mellitus (do latim mel) vem do sabor doce da urina do doente, identificado por Thomas Willis, que deu nome à doença em 1674. Provar e cheirar a urina continuou a ser uma ferramenta comum para o diagnóstico até surgirem os exames químicos.

Um médico examina uma amostra de urina, final do século XVII/início do XVIII.

Ouro úmido

A química analítica moderna usa extensamente os métodos da via úmida; o primeiro a surgir foi o uso de ácidos minerais para dissolver e separar metais. Já no século XII, Alberto Magno descrevia o preparo de ácido nítrico, que a princípio se chamou "água separadora" porque podia ser usado para dissolver a prata numa liga de prata e ouro. No século XV, esse se tornou o principal método para separar esses metais. Os químicos logo descobriram que ele funcionava melhor quando a razão entre ouro e prata era de 3:1, e às vezes acrescentavam prata à mistura para removê-la toda com mais eficiência. A mistura de ácidos chamada de água régia, feita pela primeira vez por Jabir ibn Haiane no século VIII, era o único líquido conhecido capaz de dissolver o ouro. Como ele fazia a prata se precipitar, era outro método de via úmida para separar ouro e prata.

Sem compreensão dos átomos e de como eles se configuram e reconfiguram em moléculas, o ato de dissolver um sólido parecia misterioso. Van Helmont foi o pri-

CAPÍTULO 8

meiro a argumentar que o sólido simplesmente não desaparece quando dissolvido.

A busca do alkahest

Os alquimistas buscavam uma substância capaz de dissolver tudo chamada alkahest, nome provavelmente cunhado por Paracelso. É claro que há um problema imediato. Um líquido que dissolve tudo não pode ser guardado em nenhum tipo de recipiente, porque também o dissolveria.

Uma busca mais prática era a de um *alkahest* capaz de dissolver toda matéria não elementar. Essa foi promovida por Eirenaeus Philalethes (ou George Starkey, ver a página 73). Segundo o paradigma dos elementos clássicos, um vasilhame feito de terra podia ser usado para dissolver a matéria não elementar. No paradigma moderno, um recipiente feito de metal elementar poderia ser usado para conter a reação. Ou, pelo menos, funcionaria, se o *alkahest* realmente existisse. Paracelso tinha uma receita baseada em cal hidratada, álcool e carbonato de potássio. Parece que Van Helmont acreditava que a receita de Paracelso funcionava e a chamou de "água solvente incorruptível".

Métodos úmidos para coisas úmidas

Os mais antigos métodos de análise por via úmida foram usados com águas minerais. O escritor romano Plínio observou, no século I d.C., que, se uma água mineral contendo ferro pingasse num papiro embebido em bugalhos de carvalho, as gotas ficariam pretas. Ao que parece, isso foi usado para determinar se o sulfato de cobre era adulterado com sulfato de ferro.

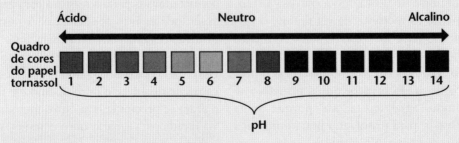

A MODERNA ESCALA DE PH

Hoje, a acidez ou a alcalinidade de uma substância é medida de 1 a 14 com a escala de pH, e o centro (7) representa o ponto neutro. Tudo abaixo de 7 é ácido (sendo 1 o mais ácido) e tudo acima de 7 é alcalino ou "básico" (sendo 14 o mais alcalino). O teste mais simples é usar papel de tornassol, desenvolvido pelo químico espanhol Arnaldus de Villanova, no século XVI. Em geral, são tiras de papel de filtro embebidas em pigmentos extraídos de líquens. O papel de tornassol fica vermelho em ambiente ácido, azul em ambiente alcalino e roxo em condições neutras. A tonalidade mostra a acidez/alcalinidade relativa e pode ser comparada com um quadro de cores de referência para encontrar o valor do pH.

A escala de pH, mostrando as cores do papel de tornassol nos diversos níveis de acidez e alcalinidade.

O método só voltou a ser mencionado na Europa quando Paracelso o usou em 1520.

Robert Boyle foi o primeiro a notar que alguns sucos vegetais podiam ser usados para indicar o pH (acidez ou alcalinidade) de uma substância. Em *Experiments and Considerations Touching Colours* (Experiências e considerações sobre cores, 1664), ele registrou que xarope de violetas e extrato de alfeneira (e muitos outros extratos vegetais azuis) ficam vermelhos em presença de ácido e verdes em presença de bases, mas não se alteram em presença de substâncias neutras. A moderna escala de pH ainda ia demorar para aparecer (ver quadro na página ao lado).

No entanto, Boyle ficou satisfeito ao descobrir que, ao contrário da crença popular, as substâncias não têm de ser ácidas nem alcalinas e podem ser neutras. O conceito de pH foi apresentado pelo químico dinamarquês Soren Sorensen no laboratório da cervejaria Carlsberg, em 1904, e revisto para formar a escala moderna em 1924.

Testes e mais testes

Há muitos testes para revelar a presença de diversas substâncias. Foram desenvolvidos com o tempo, quando a necessidade surgia. A princípio, foram descobertos acidentalmente, como o teste romano para o ferro com o uso de bugalhos de carvalho. Mais tarde, os químicos usaram o conhecimento das "afinidades" para criar testes que aproveitassem a reatividade dos elementos, usando um deles para substituir ou mudar outro.

Um exemplo de necessidade que impeliu a química é o teste Marsh para o arsênio. O arsênio e seus compostos são altamente tóxicos, mas no século XIX eram amplamente usados e fáceis de obter para matar vermes e pragas. Inevitavelmente, também eram favoritos dos envenenadores. É preciso pouco arsênico para matar alguém, como mostram os envenenamentos de Bradford (ver a página 170). James Marsh era um químico escocês encarregado de fornecer provas no julgamento de um suspeito de envenenamento em 1832. John Bodle tinha sido acusado de matar o avô dando-lhe café com arsênico. Marsh usou o teste padrão de arsênio e descobriu que ele estava presente, mas na época do julgamento o produto que provou o caso tinha se deteriorado, e o assassino foi absolvido. Esse erro da justiça levou Marsh a imaginar um teste melhor, capaz de perceber até um cinquentésimo de miligrama de arsênio. Ele combinou a amostra com ácido sulfúrico e zinco, produzindo o gás arsina (AsH_3). Quando aceso, o hidrogênio se queima, e o arsênio sólido se deposita numa superfície fria.

Demonstração da química do arsênio, 1841.

Desmisturar as coisas

Para descobrir o que há numa mistura de substâncias, normalmente seus componentes são separados. Entre os métodos de separação, estão a filtração, a precipitação, a destilação, a extração e a cromatografia. Todos, a não ser o último, são métodos antiquíssimos.

A filtração é usada para separar partículas sólidas de um líquido; por exemplo, quando se despeja água num pano ou papel de filtro, as partículas sólidas ficam retidas. Esse método é usado desde a pré-história. A precipitação é usada para separar uma substância que está em solução. Podem-se acrescentar substâncias químicas que atuam sobre a substância dissolvida, que então se precipita e pode se manter suspensa no líquido sob a forma de partículas, subir até a superfície ou afundar no recipiente. A destilação é usada para separar um líquido de um sólido por aquecimento, para fazer uma solução mais concentrada ou para separar líquidos com ponto de ebulição diferente (ver a página 165). Quando atinge o ponto de ebulição, o líquido se torna gás e se separa da mistura. Depois, resfriado, volta a se condensar como líquido.

A extração funciona dissolvendo parte de uma mistura. A mistura é adicionada a um solvente que só dissolve alguns componentes da mistura. Um exemplo comum é a feitura de chá: os taninos, a teobromina, os polifenóis e a cafeína das folhas são solúveis em água quente, mas outros componentes, como a celulose, não. Esse método é usado desde a pré-história para cozinhar e fazer pigmentos, remédios e perfumes. Os solutos também podem se mover entre solventes, desde que estes sejam imiscíveis (não se misturem). Em geral, um solvente é água e o outro, um solvente orgânico. Parte do soluto sairá da solução aquosa para se dissolver no solvente orgânico.

Quando se usa um saquinho de chá, só as partes do chá que são solúveis em água passam para a xícara.

Aproveitamento da precipitação

Robert Boyle explorou ativamente a precipitação como método de separação. Na época, acreditava-se que a "antipatia" entre as substâncias fazia uma delas se precipitar de uma solução quando se adicionava a outra. Por exemplo, considerava-se que a expulsão do metal de uma solução ácida pela adição de uma base resultava da antipatia entre ácido e base. Boyle demonstrou que, às vezes, podia-se formar um precipitado com um precipitante neutro, como o sal de cozinha que força a prata a se precipitar na solução em ácido nítrico. Ao descobrir que, se secasse a prata precipitada, ela pesava mais do que a prata dissolvida a princípio, ele concluiu que a prata e o precipitante formavam uma "coalizão".

Nos séculos vindouros, mais precipitantes foram descobertos, e a análise por via úmida ultrapassou aos poucos a via seca. Embora a princípio fosse uma abordagem qualitativa, a análise por via úmida se tornou quantitativa quando os químicos aprenderam a aperfeiçoar suas extrações e pesá-las para calcular a percentagem em peso da substância na amostra original. Essa análise gravimétrica (por massa) foi utilíssima na avaliação de minérios. Vários novos elementos metálicos foram descobertos dessa maneira. O químico alemão Martin Klaproth usou esse método para identificar o urânio, o zircônio e o cério.

A análise ficou mais formalizada e estruturada no século XIX com o primeiro texto sobre química analítica publicado em 1821 por Christian Pfaff. Ele descreveu cada reagente e explicou como prepará-lo e usá-lo. Na época, todos os reagentes eram inorgânicos, mas no fim do século XIX reagentes orgânicos sintéticos foram acrescentados ao arsenal do analista.

Quando se acrescenta nitrato de prata a uma solução de cromato de potássio, precipita-se um sólido (cromato de prata).

Titulação

Pesar o precipitado produzido numa reação é um modo de avaliar a quantidade de uma substância presente numa amostra; outra maneira é medir a quantidade de reagente usada para produzir uma reação. Essa é a chamada titulação, mencionada pela primeira vez como método em 1729, embora no primeiro caso Claude Geoffroy (1729-1753) pesasse o reagente em vez de medir seu volume. Ele descobriu uma maneira de medir o conteúdo ácido dos vinagres acrescentando pequenas quantidades de potassa e observando a efervescência resultante. Com a pesagem da potassa adicionada até que não se observasse mais efervescência, ele pôde comparar a acidez de suas várias amostras de vinagre.

A primeira titulação volumétrica registrada foi realizada por Francis Home em 1756, na Escócia. Com a mesma reação, mas feita ao contrário, Home acrescentou

---

ANÁLISE QUALITATIVA E QUANTITATIVA

A análise qualitativa visa a descobrir os componentes de uma substância. Não tenta encontrar as proporções de cada um. A análise quantitativa se preocupa com a quantidade de cada componente da substância.

CAPÍTULO 8

ácido nítrico à potassa, uma colher de chá de cada vez, até a reação se completar. Era impreciso, mas estabeleceu o método volumétrico de medição.

A titulação foi muito aprimorada com o desenvolvimento de soluções indicadoras que mudam de cor para mostrar o fim de uma reação. Em 1767, William Lewis escreveu sobre o uso da mudança de cor de "certos sucos vegetais" para indicar o ponto de saturação de uma base. Na década de 1850, Karl Schwarz usou tiossulfato de sódio para indicar a liberação de iodo do iodeto de potássio por agentes oxidantes. Em 1846, o permanganato de potássio foi usado como indicador pela primeira vez por Frédéric Margueritte, e logo surgiram indicadores sintéticos, a partir da fenolftaleína em 1877.

Manchas e pontos

A cromatografia é o mais novo método de separação por via úmida e foi desenvolvido na Rússia, em 1900, pelo botânico ítalo-russo Mikhail Tsvet (1872-1920). Mesmo antes disso, os químicos tinham notado que, quando se põe uma gota de uma mistura de líquidos em papel de filtro, alguns componentes se espalharão mais do que os outros. O resultado é um conjunto de círculos, geralmente de cores diferentes, indicando que líquidos avançaram mais pelo papel. Friedlieb Runge publicou sua observação do fenômeno em 1850 e 1855, e às vezes o método foi usado para comparar amostras de pigmentos e fazer controle de qualidade.

Tsvet desenvolveu a cromatografia para separar os pigmentos vegetais (clorofilas

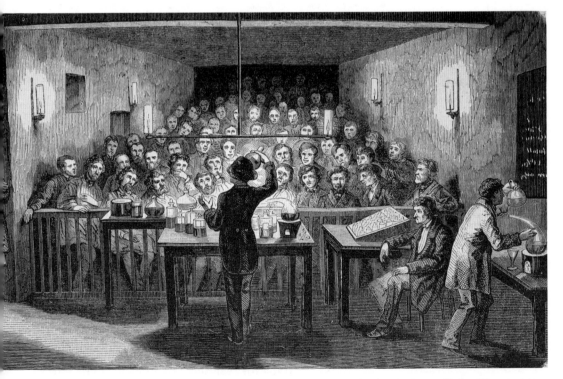

A química se tornou uma parte cada vez mais importante da manufatura e do comércio; esta ilustração de 1857 mostra uma aula de química industrial para operários de Paris.

Na cromatografia de coluna, os componentes se separam em faixas diferentes, de acordo com até onde conseguem ir através do material compactado.

e carotenoides) com que trabalhava. Ele usou uma coluna cheia de pó de carbonato de cálcio. Então, despejou na coluna a solução de extratos de plantas e notou que surgiam faixas de cores diferentes. Os diversos componentes da mistura percorriam distâncias diferentes, assim como os componentes de uma mistura líquida se espalham em distâncias diferentes no papel de filtro. Então, Tsvet podia extrair cada substância usando um solvente, recolhendo uma de cada vez.

Desde então, desenvolveram-se mais métodos de cromatografia, mas todos funcionam com a mesma base de duas fases diferentes (sólida e líquida ou líquida e gasosa), uma levando a amostra pela outra. Entre os métodos modernos, estão a cromatografia gasosa, usada com substâncias voláteis conduzidas por uma fase gasosa móvel, e a cromatografia por permeação em gel, na qual uma solução é conduzida através de uma fase gelatinosa.

Elementos e eletricidade

Analisar um composto consiste em descobrir que elementos ele contém, e a análise precisa só foi possível depois que Lavoisier conseguiu identificar alguns elementos. O progresso da identificação e da análise avançou de mãos dadas. Um método muito frutífero envolveu o uso da eletricidade.

A eletricidade aproveitada

Até o século XIX, a única maneira de dividir compostos em seus elementos constitutivos era usando calor ou substâncias químicas. Mas, em 1800, a notícia da nova "pilha voltaica" chegou à Inglaterra. Era a primeira pilha elétrica, inventada na Itália por Alessandro Volta (ver a página 124). Em 1791, ele descobriu que, se separasse discos de prata e zinco com tecido embe-

CAPÍTULO 8

bido em salmoura e ligasse os metais com um fio, uma corrente elétrica passaria entre eles. Foi a primeira célula elétrica. Em 1800, ele descobriu que, se empilhasse várias dessas células, criaria um aparelho muito mais poderoso: a primeira bateria elétrica. Mais tarde, descobriu-se que o cobre funcionava tão bem quanto a prata e era muito mais barato.

Dias depois de ouvir falar da nova bateria, William Nicholson e Anthony Carlisle fizeram a sua e a usaram para decompor água em hidrogênio e oxigênio, notando que os dois gases se formavam em polos diferentes. No fim do século XIX, Humphry Davy descobriu que ocorria uma reação química e que um dos metais era oxidado. Ele descobriu que o hidrogênio aparecia no terminal negativo (zinco) e o oxigênio, no positivo (prata/cobre).

Depois de investigar melhor, Davy concluiu que a afinidade química tem natureza elétrica. Com base nisso, teorizou que deveria ser possível decompor compostos usando a eletricidade, porque, "por mais forte que seja a energia elétrica dos elementos dos corpos, é grande a possibilidade de um limite de sua força; enquanto os poderes de nossos instrumentos artificiais parecem capazes de aumento indefinido".

Em consequência, ele resolveu usar eletricidade para decompor substâncias que

Em 1801, Volta demonstra sua pilha voltaica para Napoleão Bonaparte.

> **OUTRA E OUTRA VEZ**
>
> Theodore von Grotthuss sugeriu que, quando hidrogênio ou oxigênio era liberado num dos terminais, mostrando que uma partícula de água fora decomposta, o gás livre se recombinaria com a parte adequada de uma partícula de água adjacente, substituindo seu equivalente; assim, uma partícula livre de hidrogênio substituiria a partícula de hidrogênio de uma partícula de água vizinha. Isso estabelecia uma série sucessiva de decomposições e recombinações em toda a solução. Essa curiosa teoria, que não explicava por que as partículas se comportariam de maneira a desperdiçar tanta energia, persistiu até a década de 1880.

tinham se mostrado resistentes às tentativas anteriores de decomposição, como potassa e soda cáustica. Desse modo, ele acabou isolando o potássio e o sódio, ambos reativos demais para permanecer como elementos na natureza. Em seguida, extraiu cálcio, bário, estrôncio e magnésio. Ao reconhecer que, com sua extrema reatividade, o potássio poderia ser usado para decompor outras substâncias substituindo-as na combinação com oxigênio, ele isolou o boro do ácido bórico em 1808 — apenas alguns dias depois de Gay-Lussac e Louis-Jacques Thénard conseguirem o mesmo feito. As tentativas de Davy de decompor os elementos nitrogênio, enxofre e fósforo foram, inevitavelmente, malsucedidas. Mas ele identificou o "ácido oximuriático" de Lavoisier como o elemento

Embora geralmente associada à eletricidade, boa parte da pesquisa de Faraday envolvia a química.

cloro. Embora não conseguisse isolar o flúor, confiava ter encontrado outro elemento, dessa vez no ácido hidrofluorídrico. Em 1813, recebeu uma amostra de um sólido roxo, obtido de algas, e identificou o iodo. Gay-Lussac, cujas pesquisas eram paralelas às de Davy, também encontrou o iodo e lhe deu o nome.

Michael Faraday (1791-1867) trabalhou como assistente de Humphry Davy e depois fez suas próprias investigações com a eletricidade. Ele é mais famoso por descobrir os princípios subjacentes do eletromagnetismo, mas também trabalhou com a decomposição elétrica de substâncias químicas. Faraday descobriu que, se passasse eletricidade por uma solução de cloreto de hidrogênio, a quantidade de hidrogênio liberada só dependia da quantidade de eletricidade usada. Ele também descobriu que a quantidade de elementos diferentes liberada pela mesma quantidade de eletricidade é relativa a seu equivalente. Esse achado confirmou sua teoria de que a eletricidade interfere com as forças de "afinidade" que mantêm os compostos unidos.

Doçura e luz

Embora Lavoisier a incluísse em sua lista, hoje sabemos que a luz não é um elemento. No entanto, ela teve seu papel na identificação de novos elementos e na determinação dos elementos dentro de um composto.

Decompor a luz

Em 1752, quando o físico escocês Thomas Melvill experimentou lançar no fogo diversos materiais, já se sabia que algumas substâncias produzem chamas coloridas. Mas Melvill descobriu que, se passasse a luz da chama por um prisma de vidro, apareciam espectros estranhos: havia lacunas escuras — às vezes bem grandes — entre as cores individuais do espectro. O astrônomo William Herschel desenvolveu ainda mais o método na década de 1820 e descobriu que conseguia identificar amostras de elementos pulverizados aquecendo-os numa chama e examinando seu espectro.

Atenção às lacunas

Em 1802, o químico inglês William Wollaston descobriu que, quando a luz do sol passava por um prisma e o espectro resultante se espalhava o suficiente, surgiam faixas escuras finas. Joseph van Fraunhofer, fabricante alemão de vidros ópticos, fez a mesma descoberta dois anos depois. Curioso, Von Fraunhofer investigou-as sistematicamente e encontrou "um número quase incontável" delas, que passaram a se chamar linhas de Fraunhofer. Então, o vidreiro começou a estudar o

A luz branca pode se decompor num espectro de luzes coloridas, como Isaac Newton descobriu na década de 1660.

O QUE TEM AÍ?

espectro de estrelas e planetas, comparando-o com o da luz do Sol — técnica que se mostrou valiosíssima na astrofísica para descobrir a composição química do Sol e das estrelas.

Fraunhofer desenvolveu a grade de difração, uma série de fendas bem juntas que lhe permitia medir com precisão o comprimento de onda das linhas do espectro, algo impossível com um prisma de vidro. Infelizmente, Fraunhofer morreu antes de desenvolver esse trabalho. Cerca de trinta anos depois, o físico alemão Gustav Kirchhoff descobriu que cada elemento e cada composto tem um espectro próprio e preciso — um tipo de impressão digital na luz que emite. Nos anos seguintes, muita gente se esforçou para determinar o espectro de diversas fontes de luz, aprendendo a identificar sua composição química a partir do espectro.

Entrada e saída de luz

Em 1848, o físico francês Léon Foucault descobriu o espectro de absorção, que, como o nome indica, é o oposto do espectro de emissão. Ele percebeu que, se pusesse uma luz forte atrás de uma chama contendo sódio, a faixa amarela do espectro era absorvida. Em 1859, Kirchhoff uniu as duas descobertas e verificou que as substâncias absorvem o mesmo comprimento de luz que emitem. Se os espectros de emissão e absorção forem comparados, as lacunas de um combinam com as faixas coloridas do outro.

Kirchhoff trabalhou com o químico alemão Robert Bunsen (1811-1899) na catalogação dos espectros de milhares de substâncias, com precisão de 0,01%. De 1855 a 1863, eles registraram espectros pondo sais na chama de um bico de Bunsen (que Bunsen acabara de inventar) para produzir espectros de emissão, e usaram a chama fria do álcool para estudar os espectros de absorção. No decorrer de suas investigações, foram descobertos dois novos elementos, o rubídio e o césio; outros químicos descobriram mais quinze elementos novos com essa técnica, hoje chamada de espectroscopia.

Kirchhoff e Bunsen explicaram que as linhas de Fraunhofer encontradas na luz do Sol são provocadas por elementos na superfície do Sol que absorvem a luz emitida pelo interior mais quente, e assim permitiram a análise química da atmosfera solar. Em 1853, o químico sueco Anders Ångström observou o espectro do hidrogênio; em 1868, o hélio foi descoberto na assinatura espectral do Sol, um ano antes que o elemento fosse encontrado na Terra.

Kirchhoff e Bunsen estabeleceram a espectroscopia como ferramenta analítica que permitia aos químicos identificar a composição de uma substância simplesmente queimando-a e comparando o espectro produzido com os espectros de referência listados num catálogo. É um método qualitativo e não quantitativo; re-

> **LANÇAR LUZ SOBRE AS ESTRELAS**
>
> A espectroscopia permitiu descobertas que antes pareciam impossíveis:
>
> "Nosso conhecimento relativo aos envoltórios gasosos [das estrelas] é necessariamente limitado à sua existência, tamanho [...] e poder refrator; não seremos jamais capazes de determinar sua composição química nem mesmo sua densidade. [...]Considero que qualquer noção relativa à verdadeira temperatura média das várias estrelas nos será negada para sempre."
>
> Auguste Comte, 1835

CAPÍTULO 8

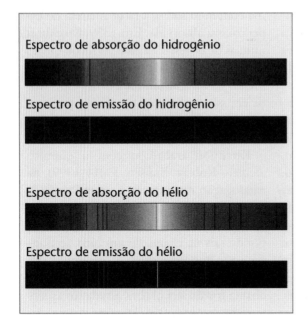

Espectro de absorção do hidrogênio

Espectro de emissão do hidrogênio

Espectro de absorção do hélio

Espectro de emissão do hélio

vela o que há numa substância, mas não quanto há de cada componente. A espectroscopia é a única maneira de determinar a composição das estrelas.

Embora os primeiros analistas tivessem de comparar cada espectro obtido de uma amostra com os espectros conhecidos, os modernos instrumentos computadorizados resolvem isso com um banco de dados. Hoje, as técnicas vão além da luz visível e incluem seus vizinhos próximos no espectro eletromagnético, como o infravermelho (ver quadro na página ao lado), oferecendo um amplo repertório de métodos.

ALÉM DA LUZ

A espectroscopia pode incluir emissões de radiação infravermelha (IV). O espectrofotômetro de infravermelho mede os comprimentos de onda infravermelhos absorvidos por uma amostra, depois comparados a energias de ligação conhecidas. Padrões energéticos diferentes estão associados a diversos tipos de ligação.

Os primeiros espectros IV foram publicados pelo físico americano William Coblentz em 1905. Ele aperfeiçoou a técnica, fez medições meticulosas com equipamento que ele mesmo projetou e observou que alguns grupos moleculares produziam espectros característicos. Isso acabou levando ao uso extenso da espectroscopia de IV para analisar compostos orgânicos. A técnica tem várias aplicações na perícia judicial, como na busca de aceleradores em caso de incêndio criminoso e na identificação de fraudes em obras de arte.

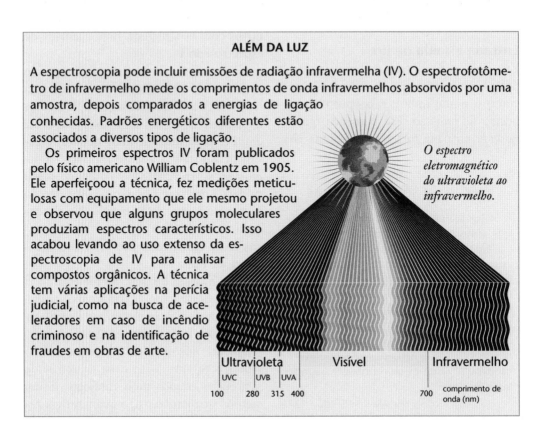

O espectro eletromagnético do ultravioleta ao infravermelho.

ELEMENTO DO SOL

Embora possamos produzir luz artificialmente na Terra, a maior parte de nossa luz vem do Sol. Em 1868, o astrônomo francês Pierre-Jules-Cesar Janssen estudou o espectro do Sol durante um eclipse solar. Ele notou uma linha espectral amarela desconhecida. O astrônomo inglês Norman Lockyer percebeu que a linha não poderia ter sido feita por nenhum elemento conhecido, portanto devia representar um elemento presente no Sol mas não na Terra. Ele o chamou de hélio, do grego Helios, o Sol. Foi o primeiro elemento a ser descoberto fora da Terra.

Depois, o hélio foi encontrado na Terra, onde é produzido pelo decaimento radioativo de rochas na superfície terrestre. O gás representa apenas 0,0005% da atmosfera, porque escapa constantemente para o espaço. Embora escasso na Terra, o hélio é o segundo elemento mais comum do universo. É forjado nas estrelas pela fusão nuclear de dois núcleos de hidrogênio, no primeiro estágio da formação de todos os outros elementos.

Medir pela massa

Imagine que uma bola esteja rolando pelo chão e você volte para ela o jato d'água da mangueira. A trajetória da bola vai mudar ou se desviar. O tamanho do desvio depende da massa da bola e da força do jato d'água. Com o mesmo jato d'água, uma bola leve se desviará mais do que uma bola pesada. O mesmo princípio pode ser aplicado a partículas em movimento. Esse conceito está por trás do espectrômetro de massa, outro equipamento usado para descobrir a composição de uma amostra química. Ele usa íons desviados em sua passagem pelo vácuo; a medição do desvio do íon permite calcular sua massa.

Investigação de raios

Os cientistas começaram a fazer experiências com tubos de descarga em meados do século XIX. Esses tubos são recipientes selados nos quais uma descarga elétrica passa pelo gás cativo. O resultado é um feixe de partículas carregadas que se move entre os eletrodos. Em 1886, Eugen Goldstein constatou que, com um catodo (eletrodo negativo) perfurado, os raios positivos, que chamou de "raios canais", se movem na direção oposta dos raios catódicos. Em 1897, J. J. Thomson identificou os raios catódicos como um feixe de elétrons. Em 1907, verificou-se que as partículas que formam os raios canais não tinham todas a mesma massa. Isso exigia investigação.

Em 1913, Thomson conduziu um feixe de neônio ionizado num tubo de descarga de modo que atravessasse um campo magnético e um campo elétrico. Ele mediu o desvio com uma chapa fotográfica, que produziria uma

Um tubo de descarga do tipo usado para experiências com raios catódicos.

mancha de luz onde os íons a atingissem. Ele encontrou duas manchas de luz, indicando que as partículas eram desviadas em duas trajetórias diferentes. Isso só podia significar que havia dois tipos de partícula com massa diferente; ele tinha encontrado dois isótopos de neônio (no caso, neônio-20 e neônio-22). Sua experiência foi a base da espectroscopia de massa.

Espectroscopia de massa e isótopos

Em 1919, Francis Aston, aluno de Thomson, construiu o primeiro espectrômetro de massa em Cambridge, na Inglaterra, e o usou para identificar isótopos de cloro, bromo e criptônio. Isso finalmente explicou o estranho peso atômico do cloro: 35,5 é a média entre dois isótopos. Aston conseguiu identificar 212 dos 287 isótopos que ocorrem na natureza. Seu trabalho levou à Regra dos Números Inteiros, que afirma que, se a massa do oxigênio for 16, todos os outros isótopos terão massas que são números inteiros.

Aston também descobriu que a massa do hidrogênio é 1% acima do esperado (isto é, do que os cálculos baseados nos outros elementos indicariam). Isso representa a energia perdida quando os núcleos de hidrogênio são forçados a se unir para formar hélio e, depois, outros elementos (ver a página 135). Em 1932, a equivalência entre massa e energia indicada por esse achado e afirmada pela equação de Einstein $E = mc^2$ foi confirmada por Kenneth Bainbridge, que usou seu novo espectrômetro de massa extremamente preciso.

Espectrômetro de raios X desenvolvido por William Henry Bragg e seu filho William Lawrence Bragg para investigar a estrutura dos cristais, 1910-1926.

Olhar lá dentro

A espectroscopia é capaz de identificar os elementos de uma substância; a espectrometria de massa é capaz de identificar elementos, grupos e isótopos; a espectroscopia de infravermelho é capaz de identificar as ligações de um composto (ou de uma mistura de compostos). A próxima ferramenta do espectro eletromagnético a ser acrescentada ao arsenal do químico analítico foram os raios X. Mas, em vez de mostrar as substâncias presentes numa amostra, os raios X são usados para investigar a estrutura dos cristais, mostrando a posição dos átomos. A cristalografia de raios X, inventada em 1912, daria a importantíssima pista que ajudou a revelar a dupla espiral do DNA e revelaria a estrutura de outras importantes proteínas biológicas — a parte final do quebra-cabeça bioquímico.

Radiografia de cristais

Em 1895, quando o físico alemão Wilhelm Röntgen descobriu os raios X, outros tinham acabado de elaborar todas as possíveis simetrias das estruturas cristalinas. Paul Ewald e Max von Laue juntaram as duas descobertas em 1912 e fizeram um facho de raios X atravessar um cristal de sulfato de cobre para registrar o padrão de difração numa chapa fotográfica. O resul-

FLOCOS DE NEVE E DIAMANTES

Um floco de neve é composto por muitos cristais de neve aglomerados. Examinado ao microscópio, cada cristal de neve tem simetria hexagonal. A cristalografia de raios X mostra o arranjo das moléculas de água no gelo e revela um arranjo tetraédrico de ligações de hidrogênio em torno de cada molécula de água.

Outra estrutura elucidada pela cristalografia de raios X foi a do diamante. O diamante e a grafite são, ambos, inteiramente feitos de átomos de carbono, mas têm propriedades muito diferentes, relativas ao arranjo diferentes dos átomos em cada estrutura. (As variantes de um elemento com arranjos diferentes de átomos se chamam alótropos.) Os arranjos diferentes de átomos nos alótropos de carbono são claramente visíveis na cristalografia de raios X. No diamante, cada átomo de carbono tem ligações covalentes (isto é, compartilha elétrons) com outros quatro, numa matriz gigantesca. Na grafite, cada átomo de carbono só se liga a outros três. Os átomos ficam ligados num plano e não numa estrutura tridimensional; o resultado é que a grafite é composta de camadas que deslizam facilmente uma sobre a outra. Podemos escrever com a grafite do lápis porque é facílimo uma camada de grafite se soltar da mina do lápis e ficar no papel.

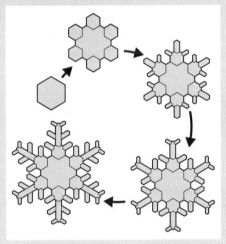

Um floco de neve se constrói simetricamente seguindo um padrão baseado no cristal de gelo hexagonal em seu centro.

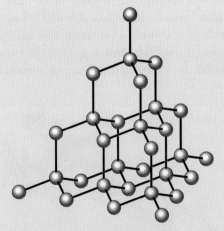

A estrutura cristalina do diamante, com ligações igualmente fortes em todas as dimensões, dá ao material sua força.

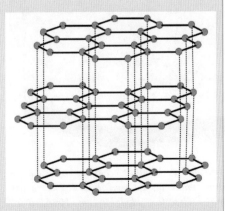

A estrutura cristalina da grafite, com átomos arrumados em camadas.

tado foi uma série de pontos arrumados em círculos sobrepostos em torno de um círculo central que representava o facho. Com um pouco de matemática genial, Von Laue desenvolveu uma lei que ligava o ângulo espalhado dos raios X ao tamanho e à orientação das células unitárias da estrutura cristalina.

A aplicação na química ficou imediatamente óbvia. Não era uma ideia saída do nada. Ewald já pensara em usar a difração para examinar a estrutura dos cristais, mas percebeu que o comprimento de onda da luz visível é grande demais para a tarefa, por ser maior do que o espaço entre os átomos ou moléculas de uma estrutura cristalina. O comprimento de onda menor dos raios X era adequado, por ser mais ou menos o mesmo do espacejamento dentro do cristal.

A primeira estrutura cristalina a ser elucidada pela cristalografia de raios X foi a do sal de cozinha (cloreto de sódio), em 1914, estabelecendo a existência de compostos iônicos (ver a página 136). A estrutura do diamante foi mostrada por William Bragg em 1913, confirmando as ligações tetraédricas do carbono propostas por Van't Hoff. Na década de 1920, a cristalografia de raios X foi usada para descobrir o arranjo dos átomos de minerais, metais e seus compostos. Em 1923, Linus Pauling descobriu a estrutura do estaneto de magnésio (Mg_2Sn), e a granada (uma família de minerais de silício) se tornou a

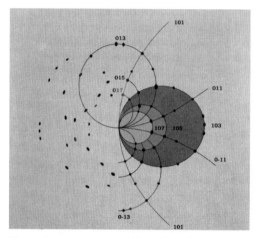

Bragg interpretou suas radiografias de estruturas cristalinas medindo distâncias e ângulos para calcular a posição dos átomos.

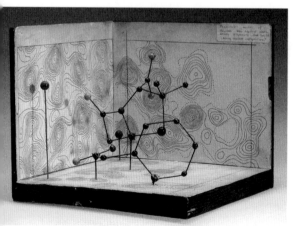

Um modelo de bolinhas e varetas mostra a estrutura molecular da penicilina descoberta por Dorothy Crowfoot Hodgkin em 1946. Bolas verdes, brancas, vermelhas, amarelas e azuis representam respectivamente os átomos de carbono, hidrogênio, oxigênio, enxofre e nitrogênio. As varetas representam as ligações entre eles.

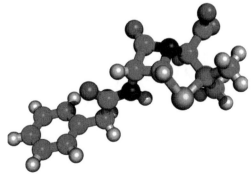

Moderna representação computadorizada da estrutura da molécula de penicilina.

O QUE TEM AÍ?

> **DOROTHY CROWFOOT HODGKIN (1910-1994)**
>
> Nascida no Egito como Dorothy Crowfoot, ela passou a infância em Norfolk (Inglaterra) e no Sudão. Sua escola pública lhe permitiu que estudasse química com os meninos (geralmente, a matéria não era oferecida às meninas) e lhe deu aulas extracurriculares de latim para que pudesse se candidatar à Universidade de Oxford. (Na época, o latim era exigido para o ingresso.) Ela foi a terceira mulher a obter um diploma de primeira classe em Oxford. Interessou-se pelo uso da cristalografia de raios X para investigar moléculas biológicas e se envolveu no primeiro desses trabalhos, feito sobre a estrutura da pepsina, uma enzima digestiva.
>
> Hodgkin conheceu a vitamina B_{12} em 1948, ano de sua descoberta, e fez novos cristais dela. Na época, sua estrutura era desconhecida. Ela reconheceu que continha cobalto, mas nada mais podia ser deduzido, e a vitamina se tornou a substância mais desafiadora a abordar com a cristalografia de raios X. Em 1955, Hodgkin publicou a estrutura final e, em 1964, tornou-se a primeira (e, por enquanto, a única) mulher britânica a receber um Prêmio Nobel de ciências.
>
> Seu trabalho com a insulina começou em 1934, quando recebeu uma pequena amostra de insulina cristalina. Na época, a cristalografia de raios X não era suficientemente avançada para a insulina; Hodgkin contribuiu com o desenvolvimento da técnica até que, em 1969, conseguiu finalmente revelar sua estrutura.

primeira estrutura mineral a ser explorada em 1924. Ao mostrar os espaços entre átomos numa matriz, a cristalografia de raios X também revelou o tamanho dos átomos e o comprimento das várias ligações.

A química da vida e a cristalografia de raios X

Nas décadas de 1920 e 1930, a cristalografia de raios X foi refinada e aperfeiçoada e começou a ser aplicada a compostos orgânicos. As primeiras moléculas orgânicas foram investigadas com a técnica na década de 1920. Elas eram relativamente pequenas, e começaram com a hexametilenotetramina (uma combinação de formaldeído e amônia), estudada em 1923. Seguiram-se alguns ácidos graxos de cadeia longa. As primeiras moléculas orgânicas grandes foram investigadas na década de 1930, e o trabalho mais importante foi realizado pela química britânica Dorothy Crowfoot Hodgkin (1910-1994). Ela descobriu a estrutura do colesterol (1937), da penicilina (1946), da vitamina B12 (1956) e da insulina (1969); esta última lhe exigiu mais de trinta anos.

A maior: o DNA

O caminho para desvendar o DNA como substância que transmite o código genético foi longo e complicado, e só parte dele pertence à história da química. No século XIX, os longos filamentos cromossomiais foram notados dentro das células vivas, mas não corretamente identificados. O material que os compõe (DNA com proteína e RNA) foi chamado de nucleína

CAPÍTULO 8

e de cromatina em ocasiões diferentes. Albrecht Kossel mostrou, em 1878, que a "nucleína" tem um componente não proteico que ele identificou como ácido nucleico. Entre 1885 e 1901, ele identificou as bases dos nucleotídeos do DNA e do RNA: adenina, citosina e guanina (encontradas em ambos), timina (só no DNA) e uracila (só no RNA). Em 1919, o bioquímico russo-americano Phoebus Levene identificou a unidade de base, açúcar e fosfato do nucleotídeo e sugeriu que o DNA seria uma cadeia de nucleotídeos unidos por grupos fosfato. Mas ele não sugeriu variedade na sequência, supondo que a estrutura apenas repetia unidades semelhantes. Isso não teria muito potencial para a molécula transmitir nenhum tipo de código complexo, e tornou ainda menos provável que o DNA portasse o código genético.

O químico austríaco Erwin Chargaff constatou, no final da década de 1940, que as bases do DNA sempre aparecem em pares, e, em 1944, Oswald Avery determinou que o DNA transmite informações genéticas, descoberta confirmada em 1952 por Alfred Hershey e Martha Chase. Mas a estrutura em si do DNA continuava fugidia. Antes da cristalografia de raios X, os químicos só sabiam que havia unidades formadas por bases de nucleotídeos presas em ângulo reto a um açúcar e um grupo fosfato. Eles sabiam que essas unidades podiam se ligar e formar uma cadeia, mas não sabiam quantas estavam envolvidos nem a estrutura formada pela cadeia ou pelas cadeias interligadas. Era possível que o DNA compreendesse uma, duas, três ou mais cadeias unidas de algum modo, que os fosfatos se agrupassem no meio ou ficassem nos lados. Tudo era possível.

A corrida para encontrar a estrutura se concentrou em uma equipe em Cambridge, na Inglaterra, e no químico Linus Pauling, que trabalhava nos EUA. Pauling publicou sua tentativa em 1953, propondo uma espiral de três cadeias com uma coluna vertebral de açúcar e fosfato no centro. A equipe britânica, que consistia de Francis Crick e James Watson, com a ajuda de Maurice Wilkins em Londres, teve de agir depressa antes que outros apontassem os erros da estrutura de Pauling, que para eles eram claros: seu modelo não agiria como um ácido, portanto não poderia estar correto. Wilkins deu a Crick e Watson a peça fundamental do quebra-cabeça numa ação claramente antiética. O elemento fundamental foi uma excelente radiografia ("Foto 51") feita em 1952 pelo aluno de doutorado Raymond Gosling sob a supervisão da cristalógrafa de raios X Rosalind Franklin. Mas Wilkins a mostrou a Crick e Watson sem a permissão de Franklin.

A Foto 51 era muito mais nítida do que as que tinham sido usadas e do que

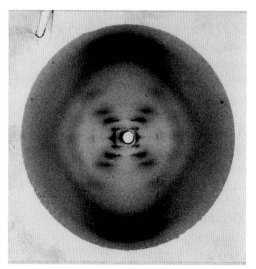

A Foto 51 de Franklin e Gosling, a chave que destravou a estrutura do DNA.

todas as fotografias à disposição de Pauling. Mostrava a natureza de espiral dupla da cadeia do DNA, com sua coluna vertebral de moléculas alternadas de fosfato e desoxirribose. A partir daí, Crick e Watson conseguiram fazer cálculos que determinaram o tamanho geral e a estrutura do DNA: uma espiral dupla, com grupos açúcar-fosfato formando as laterais da escada e os pares de bases formando os degraus.

A descoberta da estrutura do DNA abriu caminho para a genética moderna, o mapeamento do genoma humano, a engenharia genética e a medicina genética. Também provou, sem sombra de dúvida, que tudo na vida se resume à química.

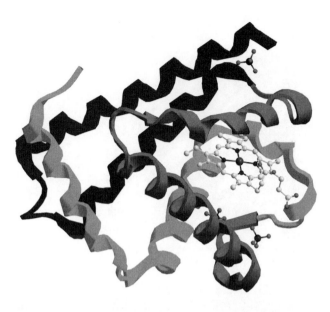

Modelo em fita da mioglobina, proteína que fixa o oxigênio nos músculos. Esse tipo de modelo se concentra no formato em vez da composição química da molécula.

As proteínas desvendadas

Na segunda metade da década de 1950, os químicos começaram a elaborar a estrutura das proteínas usando a cristalografia de raios X. As proteínas são moléculas grandes e complexas essenciais a todos os processos vitais. A primeira estrutura proteica a ser descoberta foi a mioglobina de um cachalote; desde então, mais de 86.000 estruturas macromoleculares foram determinadas com a cristalografia de raios X, dez vezes mais do que o segundo método mais popular.

As proteínas têm um formato irregular que determina seu comportamento e é fundamental para sua função nos sistemas vitais. Quando mudam de formato, as proteínas se "desnaturam" e seu caráter e sua capacidade mudam. Um exemplo comum de proteína desnaturada é a clara de ovo cozida; a proteína alterada não pode voltar à configuração original (não é possível descozinhar um ovo). Hoje, o entendimento do formato e das funções das proteínas leva informações a áreas tão diferentes quanto a nutrição e a ação dos vírus.

COMO SE FAZ

A moderna cristalografia de raios X funciona melhor com um único cristal puríssimo. Ele é lentamente girado enquanto o padrão de difração dos raios X é registrado em diversos ângulos. Muitos conjuntos de dados são coletados. Então, usa-se o computador para processar as imagens, calcular o comprimento das ligações, seus ângulos e o local dos diversos átomos no cristal e construir um modelo tridimensional funcional da molécula.

CAPÍTULO 9

FAZER COISAS

Aquele que conhece as formas entende a unidade da natureza sob a superfície de materiais que são muito dessemelhantes. Portanto, é capaz de identificar e criar coisas que nunca foram feitas, coisas do tipo que nem as vicissitudes da natureza, nem a dura experiência, nem o puro acidente jamais realizariam nem o pensamento humano jamais sonharia."

Francis Bacon, *Novum organum*, **aforismo 3, 1620**

Não mais no domínio misterioso da alquimia, a transformação da matéria está no âmago de imensas indústrias químicas. Além de fabricar o que precisamos, podemos até projetar as propriedades que queremos, ajustando a estrutura molecular para criar substâncias que nunca ocorrem na natureza.

O neopreno, inventado em 1930, é uma borracha sintética com grande variedade de usos, de roupas de mergulho a isolamento.

CAPÍTULO 9

Síntese e sintéticos

Os seres humanos fazem coisas com a química desde a pré-história. Perfumes, esmaltes e até sopa são todos produtos de pessoas que trabalham com a química. Combinamos e processamos substâncias de maneiras que nunca ocorrem na natureza para produzir novos materiais. Muitos surgiram acidentalmente ou por tentativa e erro, mas depois foram úteis e, às vezes, geraram grupos inteiros de novos materiais. Um dos grupos mais prolíficos e importantes é o dos plásticos.

A revolução dos plásticos

Na linguagem comum, "plástico" é o tipo de material que associamos a garrafas de bebidas, embalagens de alimentos, lancheiras e brinquedos — um material duro ou maleável, geralmente de cores vivas, que amolece e queima ao ser aquecido. Mas para o químico o plástico é um material orgânico que é flexível quando mole, mas mantém a forma quando endurecido. Há plásticos que ocorrem naturalmente, como âmbar e borracha, mas hoje os artificiais são mais conhecidos e usados. Todos os plásticos são polímeros; suas moléculas são construídas com unidades que se repetem, formando cadeias de, pelo menos, mil unidades de comprimento. As propriedades dos plásticos dependem de sua estrutura molecular: as cadeias únicas e sem ramificações tendem a produzir substâncias viscosas e escorregadias, e ligações cruzadas entre cadeias dão mais força.

A partir da natureza

Os primeiros plásticos a serem usados eram substâncias que ocorrem naturalmente. O âmbar e o látex (a seiva da seringueira) são usados há milênios. No século XIX, os químicos começaram a modificar alguns polímeros existentes na natureza para torná-los mais úteis. A borracha e a celulose (material que forma as fibras vegetais) foram ambas adaptadas. Isso preparou o palco para o desenvolvimento de plásticos inteiramente artificiais.

O resgate da borracha

De 1832 a 1834, Nathaniel Hayward e Friedrich Ludersdorf descobriram que, se misturassem enxofre à borracha, ela deixava de ser pegajosa e ficava mais fácil de usar. Hayward provavelmente contou isso a Charles Goodyear, que, em 1845, patenteou o processo de vulcanização que torna a borracha durável e não viscosa. O processo envolve o acréscimo da cura com um produto (a princípio, e ainda com frequência, enxofre) e depois o aquecimento da borracha sob pressão para criar ligações cruzadas entre os polímeros. Três semanas antes da patente americana de Goodyear, Thomas Hancock adquiriu a patente britânica do mesmo processo. Goodyear lucrou pouco; outros, contudo, ganharam milhões com sua invenção. Seus últimos anos foram passados tentando proteger

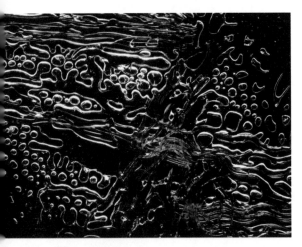

Fibras de nylon vistas pelo microscópio; a área mostrada na imagem tem 1 mm de largura.

Estrutura molecular da borracha. Os átomos de enxofre formam ligações entre as cadeias de hidrocarboneto.

O POVO DA BORRACHA

A primeira civilização a surgir na América do Sul foi a dos olmecas, cujo nome significa "povo da borracha". Eles tiravam o látex da seringueira e o tratavam com o suco de uma trepadeira local para criar borracha processada já em 1600 a.C.

Antiga bola de borracha do Peru, c. 1650, com sementes de seringueira.

suas patentes quase sempre sem conseguir. Ele foi preso por dívidas em 1855 e morreu cinco anos depois devendo duzentos mil dólares. A Goodyear Tire and Rubber Company, fundada anos depois de sua morte, recebeu seu nome.

A borracha pode manter alguma flexibilidade (como nas botas) ou ser endurecida. Sua aplicação mais útil — que, na verdade, mudou o mundo — soa extraordinariamente mundana. Vedações e gaxetas de borracha foram usadas nas máquinas que impeliram a Revolução Industrial. Antes, usavam-se tiras de couro embebido em óleo para fechar aberturas e vedar junções e conexões mecânicas, mas a borracha era muito melhor. Tinha flexibilidade para ser comprimida entre as partes em movimento, mas depois recuperava sua forma, e podia ser moldada para se encaixar exatamente onde fosse necessário. Era mais durável do que o couro e produzia menos fricção nas partes móveis da máquina. Nos motores a vapor do século XIX e, mais tarde, nos veículos movidos a gasolina e diesel do século XX, a vedação de borracha se tornou um componente valiosíssimo que aumentou muito a eficiência e possibilitou que as máquinas cumprissem tarefas que seriam impossíveis sem ela.

Mais plásticos de plantas

Enquanto Goodyear experimentava com o látex de seringueira, dois químicos franceses, Louis-Nicolas Ménard e Florès Domonte, trabalhavam com a nitrocelulose (ou algodão-pólvora) — isto é, celulose nitrificada com a exposição ao ácido nítrico. Eles descobriram que ela era solúvel em éter e que, se acrescentassem etanol, formariam um líquido transparente e gelatinoso que podia ser pintado na pele humana e, ao secar, formava uma película

CAPÍTULO 9

Uma fotógrafa na França, 1890. Seu filme devia ser de colódio.

flexível. A partir de 1847, foi usado como curativo e chamado de colódio. Um uso completamente diferente do colódio foi descoberto em 1851 quando o escultor inglês Frederick Scott Archer descobriu que ele podia ser usado para fazer filme fotográfico, que finalmente substituiu o método do daguerreótipo.

Outro inglês, Alexander Parkes, notou que um resíduo branco se formava quando o colódio fotográfico evaporava. Com essa descoberta, ele deu início à indústria do plástico. Sob o nome de parkesine, ele começou a fabricar a substância e vendê-la como agente impermeabilizador para tecidos. Infelizmente, sua empresa faliu

John Hyatt formou a Albany Billiard Ball Company em 1868 para fazer bolas de bilhar de celuloide.

quando tentava crescer para atender à demanda.

O passo seguinte ocorreu mais ou menos ao mesmo tempo nos EUA e no Reino Unido, provocando uma batalha jurídica sobre prioridade e patentes. Daniel Spill, no Reino Unido, e John e Isaiah Hyatt, nos EUA, acrescentaram cânfora ao nitrato de celulose e criaram um produto que Spill chamou de xilonita e Hyatt, de celuloide. O segundo nome ainda é usado. Era um plástico duro, que lembrava marfim ou chifre, usado como substituto barato dessas duas substâncias e em muitos outros objetos rígidos.

O celuloide foi usado em filmes até a década de 1950, quando o acetato o substituiu. Condizente com sua origem no algodão-pólvora, o celuloide é extremamente inflamável e pega fogo sozinho em temperaturas acima de 150°C (fáceis de atingir diante de um projetor). O acetato é muito mais seguro.

Novos plásticos

Tendemos a pensar nos plásticos como uma evolução do século XX, mas tanto o PVC quanto o poliestireno foram feitos por acidente na primeira metade do século XIX. Nenhum deles foi reconhecido como útil na época. Em 1835, o químico e físico francês Henri Regnault deixou ao sol uma amostra do gás cloreto de vinila. Mais tarde, encontrou um sólido branco no fundo do frasco. O cloreto de vinila formara um polímero — o cloreto de polivinila, ou, na sigla do nome em inglês, PVC; as moléculas se uniram numa cadeia longa.

Regnault não viu nenhum uso para o PVC, que passou quase um século inexplorado até que o químico americano Waldo Semon descobriu como plasticizá-lo (isto é, torná-lo mais flexível) com aditivos. O material mais flexível foi imediatamente usado em cortinas de chuveiro e toda uma série de outros produtos.

O poliestireno teve um início igualmente acidental e pouco promissor. Foi descoberto em 1839 quando o farmacêutico alemão Eduard Simon tentava destilar uma resina natural chamada benjoim ou estoraque e obteve uma substância oleosa que chamou de "estirol". Nos dias que se seguiram, o óleo se espessou e formou naturalmente o poliestireno. Só em 1920 outro químico alemão, Hermann Staudinger, percebeu que o poliestireno é, simplesmente, uma cadeia de moléculas de estireno. A fabricação comercial começou em 1930.

Mas essas primeiras descobertas foram deixadas à sombra pelo primeiro plástico artificial reconhecido como útil: a baquelite. Decidido a criar um substituto para a goma-laca, substância natural semelhante a uma resina, o químico belga Leo Baekeland investigou reações entre o fenol e o formaldeído e, sem querer, criou o primeiro plástico de verdade. Formalmente anunciada em 1909, a descoberta da baquelite foi transformadora. Ela não derrete, não se distorce nem muda de cor e é um isolante térmico e elétrico. Logo en-

Os rádios de baquelite deram início à revolução da comunicação de massa no século XX.

controu muitos usos. Na década de 1930, quando começou a substituir a madeira dos aparelhos de rádio, estes rapidamente se tornaram baratos, ao alcance do grande público. A baquelite também provocou uma revolução nos plásticos: de repente, eles pareciam interessantes, úteis e novos.

A década de 1930 se mostrou um ponto de virada no desenvolvimento dos polímeros. O polietileno se seguiu ao poliestireno em 1935, e em 1937 Wallace Carothers inventou o nylon, a princípio como alternativa à seda. Em 1940, quando as meias de nylon foram lançadas em Nova York, venderam-se quatro milhões de pares em poucas horas.

Plásticos personalizados

O polietileno e o polipropileno (poliolefinas) constituem quase metade dos plásticos vendidos nos EUA a cada ano. Desde a década de 1950, catalisadores metálicos, como titânio e vanádio, foram usados para quebrar as ligações duplas entre os átomos de carbono do etileno e do propileno para provocar a formação de cadeias (polimerização). Mas sua ação não é precisa, e é difícil produzir plásticos puros.

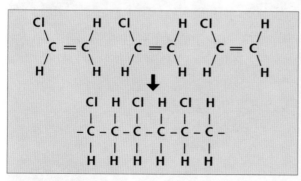

O PVC é feito quebrando a dupla ligação de carbono das moléculas de cloreto de vinila (C_2H_3Cl) e enfileirando os grupos numa cadeia longa.

> **TODO CHEIO DE SI**
>
> O poliestireno expandido, hoje conhecido pela marca comercial isopor e usado como material de embalagem e isolamento, foi desenvolvido em 1941 e consiste de 98% ar. Um de seus primeiros usos foi nos botes salva-vidas para seis pessoas da Guarda Costeira americana em 1942. Desde então, tornou-se um poluente ambiental considerável, por ser muito usado e difícil de descartar. Em 2017, o estado americano da Califórnia aprovou a proibição generalizada do uso de poliestireno expandido em produtos descartáveis.

Na década de 1990, os químicos começaram a fazer experiências com novos tipos de catalisadores para obter mais controle sobre a criação e a produção de plásticos. Entre eles, estão os novos catalisadores organometálicos e os metalocenos.

Descoberta em 1953, as metades da molécula dos metalocenos são formadas por um anel de cinco átomos de carbono que envolvem um íon metálico com carga positiva. Como catalisadores de sítio único, eles permitem o controle preciso da polimerização, e suas ligações podem ser ajustadas para criar as propriedades necessárias. Por exemplo, o filme plástico das embalagens de alimentos pode ser produzido com várias porosidades, permitindo a "respiração" dos diversos alimentos. Os metalocenos também podem ser usados para combinar monômeros normalmente considerados incompatíveis.

Guerra e necessidade, mães da invenção

Enquanto alguns materiais e processos importantes foram descobertos por acaso, outros resultaram de uma busca dedicada provocada pela necessidade. Especificamente, as guerras do século XX desorganizaram a oferta de muitas substâncias químicas essenciais na Europa, o que levou à procura de alternativas artificiais.

Durante a Segunda Guerra Mundial, a fabricação de paraquedas de seda natural e, depois, artificial era importantíssima.

FAZER COISAS

Não pare, não pare

Sob a forma de butadieno polimerizado, a borracha artificial foi criada em 1910 pelo químico russo Serguei Lebedev. Com o fornecimento de borracha ameaçado durante a Primeira Guerra Mundial, houve uma corrida para aumentar sua produção. Isso só se conseguiu em 1928, tarde demais para a Primeira Guerra mas em boa hora para a Segunda. A matéria-prima era etanol, destilado de cereais ou batatas. No começo da Segunda Guerra Mundial, grandes potências, como o Japão, a Alemanha, a União Soviética e os EUA, tinham fábricas de borracha sintética para uso em pneus. As fábricas alemãs tornaram-se alvo do bombardeio aliado para atrapalhar a produção de veículos e aviões.

Do mesmo modo, o nylon e outras fibras artificiais foram produzidos para substituir o fornecimento ameaçado de seda. Embora a princípio usado em meias e roupas íntimas, a produção de nylon logo foi canalizada para itens como os paraquedas e cordas necessários na Segunda Guerra Mundial.

Plantas e explosivos

Há muito tempo os agricultores sabem que dejetos e carcaças humanos e animais são benéficos para o solo e ajudam a plantação a crescer. Em muitas partes do mundo, os dejetos humanos eram espalhados nos campos, e esterco de cavalo também era amplamente usado. O químico alemão Justus von Liebig (ver a página 143), que fez um trabalho extenso sobre a nutrição dos vegetais, acusou a Grã-Bretanha de furtar 3,5 milhões de esqueletos da Europa para moer e fazer farinha de ossos a ser usada como adubo. No fim do século XIX, ficou claro que o ingrediente mais importante do adubo são os compostos nitrogenados.

De 1820 a cerca de 1860, o Peru exportou para a Europa e os Estados Unidos o guano (dejetos de aves e morcegos) das ilhas Chincha, para ser usado como adubo e como fonte dos compostos nitrogenados usados para fazer explosivos. Quando as 12,5 toneladas de guano se esgotaram, foi preciso achar outra fonte: os depósitos de salitre do deserto do Atacama, que provocaram uma guerra pelo controle da área que o Chile acabou vencendo. Nos anos seguintes, o Chile enriqueceu com a exportação de salitre, e, em 1900, produzia dois terços do adubo em uso no mundo inteiro. Era claro que essa fonte também se esgotaria.

O problema parecia muito urgente para os químicos alemães. A Alemanha tinha solo pobre e pouco fértil e importava muito salitre chileno. A segurança alimentar estava ameaçada, mas isso não era tudo. Wilhelm Ostwald, químico alemão premiado com o Nobel, ressaltou que a escassez de nitrogênio também era uma ameaça à segurança nacional, pois era necessário para a manufatura de explosivos. Na corrida armamentista anterior à Primeira Guerra Mundial, essa ameaça era convincente.

Já se sabia que a amônia é um composto de nitrogênio e que o nitrogênio está presente na atmosfera, mas as tentativas de extraí-lo do ar tinham falhado. O problema foi resolvido por Fritz Haber. Em 1905, fazendo experiências com a termodinâmica dos gases, ele passou nitrogênio e hidrogênio sobre um catalisador de ferro à temperatura de 1000°C e, no processo, produziu pequena quantidade de amônia. Até 1909, ele aperfeiçoou a pro-

CAPÍTULO 9

Produção de fertilizante com o processo Haber-Bosch na fábrica de fertilizantes da I.G. Farben, na Alemanha, em 1930.

dução de amônia e descobriu que, se aumentasse a pressão para 150 a 200 atmosferas, conseguiria reduzir a temperatura para 500°C. O método foi industrializado com a ajuda de Carl Bosch em 1913 e hoje é conhecido como processo Haber-Bosch. Por permitir a produção alemã contínua de explosivos, ele prolongou a Primeira Guerra Mundial. Mas também permitiu uma oferta praticamente ilimitada de fertilizante, quando adaptado para produzir sulfato de amônio. O processo Haber-Bosch ainda produz metade dos fertilizantes usados pelo mundo.

De átomo em átomo

Com o surgimento de computadores poderosos e a expansão do conhecimento sobre a natureza das ligações químicas e da dinâmica das reações, a criação de novos produtos químicos se tornou um processo sofisticadíssimo de alta tecnologia. A maior parte das moléculas criadas é orgânica, como a vasta produção da indústria farmacêutica. Os químicos calculam o conteúdo e a estrutura das proteínas e de outras moléculas biológicas e projetam novas moléculas que se anexarão a elas para inibir ou aumentar sua função. Essas técnicas estão além do alcance deste livro. Mas, na outra ponta da escala, materiais inovadores podem ser feitos até com um único elemento, controlando simplesmente a posição dos átomos.

Carbono em todas as formas

Controlar a posição dos átomos é fundamental para o trabalho empolgante de explorar os alótropos de carbono. Além da grafite e do diamante que ocorrem na natureza, o carbono pode ser manipulado para formar esferas de buckminsterfulereno, grafeno e nanotubos (longas folhas de grafeno enroladas em tubos). O buckminsterfulereno ou apenas fulereno (C60) foi observado pela primeira vez em 1985 por Richard Smalley, Bob Curl e Harry Kroto, num projeto de pesquisa conjunta

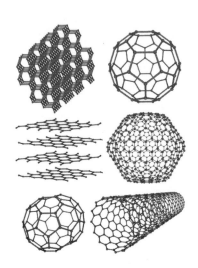

Os alótropos de carbono, em sentido horário a partir do alto à direita: Fulereno C_{60}; C_{70}; nanotubo de grafeno; C_{20}; folhas de grafeno; diamante.

200

FAZER COISAS

entre os EUA e o Reino Unido que envolvia vaporizar carbono com um facho de laser e usar espectrometria de massa (ver a página 186) para investigar o plasma resultante. Eles descobriram que, entre os produtos, havia sempre uma molécula com 60 átomos de carbono e deduziram que a estrutura é uma esfera oca, chamada, informalmente, de "buckyball". A superfície é composta de faces hexagonais e pentagonais. Também se formam as versões C70 e C20, embora o C60 domine.

O grafeno foi chamado de primeiro material bidimensional: ele é uma folha de carbono com um único átomo de espessura. Os átomos se arrumam numa grade hexagonal, como na grafite; o grafeno é uma camada única de grafite. Foi identificado por Andre Geim e Kostya Novoselov, que trabalhavam em Manchester, na Inglaterra, embora fosse discutido desde 1947. Nas noites de sexta-feira, Geim e Novoselov faziam sessões informais no laboratório em que realizavam experiências não ligadas ao trabalho regular. Certa ocasião, eles descobriram que podiam usar fita adesiva para remover camadas finíssimas de um bloco de grafite. Ao afinar repetidamente os flocos de grafite, acabaram criando uma folha com um só átomo de espessura.

O grafeno tem propriedades extraordinárias; é mais forte do que todos os outros materiais, levíssimo, muito flexível e o melhor condutor de calor e eletricidade que se conhece. Pode ser enrolado em tubos — nanotubos — de diâmetro variável, mas com paredes de um átomo de espessura. Já se fizeram nanotubos com uma razão comprimento:diâmetro de 132.000.000:1.

A revolução do carbono

Mal se começaram a explorar os usos desses alótropos de carbono. O fulereno pode ser usado como gaiola, com outra molécula presa dentro, e tem potencial como sistema de transporte. Pode ser usado para levar medicamentos diretamente a uma área-alvo do corpo, como um tumor. Os nanotubos formam uma estrutura fortíssima que pode ser usada para reforçar outros materiais, além do potencial de criar produtos eletrônicos finíssimos, levíssimos e semitransparentes. As membranas de grafeno podem se transformar em filtros para fornecer água limpa ou serem empregados na tecnologia de dessalinização para tirar água potável do mar.

FORÇA SECRETA

Há muitas histórias sobre espadas afiadíssimas feitas de aço de Damasco. As lâminas têm um padrão espiralado típico do aço de Damasco ou aço wootz, do qual elas eram feitas no Oriente Médio. Esse tipo de aço vem da Índia, onde começou a ser produzido por volta de 600 a.C. Desde 1750, não foi mais manufaturado, e os métodos de sua produção se perderam; as tentativas de recriá-lo fracassaram. O alemão Peter Paufler, cientista de materiais, sugeriu em 2006 que nanotubos de carbono se formavam naturalmente no aço de Damasco a partir do material vegetal usado para forjá-lo e que eram eles que davam às lâminas suas propriedades extraordinárias. Os nanotubos seriam cheios de cementita, um composto de ferro e carbono.

NO FUTURO

Hoje, a química está intricadamente ligada a muitas outras ciências, como biologia, farmacologia, medicina, ciência dos materiais, física, geologia e astronomia. Seu interesse principal — identificar, entender e sintetizar substâncias — tem relevância universal. Nas próximas décadas, podemos esperar grandes passos na aplicação de nanoestruturas, criação de moléculas, engenharia genética, produção de energia e na síntese de produtos farmacêuticos e alimentícios. E provavelmente haverá avanços que nem podemos prever.

Soluções químicas para problemas químicos

A química trouxe imensos benefícios à humanidade, mas em sua esteira vieram imensos problemas. Entre eles, estão a poluição, o aquecimento global, os micró-

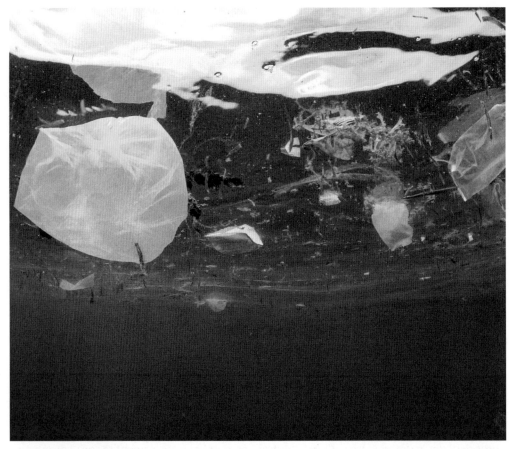

Sacos plásticos e outros tipos de lixo se acumulam no mar, pondo em risco a vida selvagem e ameaçando o equilíbrio ecológico.

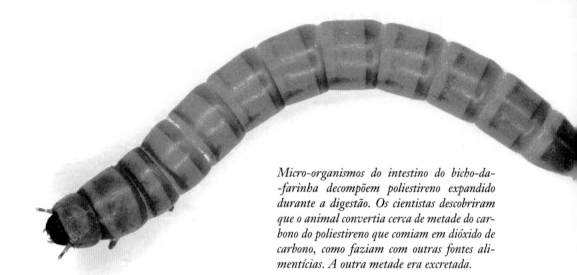

Micro-organismos do intestino do bicho-da-farinha decompõem poliestireno expandido durante a digestão. Os cientistas descobriram que o animal convertia cerca de metade do carbono do poliestireno que comiam em dióxido de carbono, como faziam com outras fontes alimentícias. A outra metade era excretada.

bios resistentes a medicamentos e a redução da biodiversidade. Não podemos fazer o relógio andar para trás, mas podemos usar a ciência para resolver alguns problemas que seu mau uso provocou.

O uso de combustíveis fósseis aumentou exponencialmente desde o início do século XX. Carvão, petróleo, gás e seus derivados são usados extensivamente para produzir energia e fabricar plásticos e outros materiais baseados em hidrocarbonetos, e o resultado é que corremos o risco de ficar sem eles. Enquanto queimar combustíveis fósseis acrescenta mais dióxido de carbono à atmosfera, contribuindo para a mudança climática, prender o carbono fóssil em plásticos que podem levar milênios para se biodegradar cria outros desafios ambientais.

A busca de energia mais limpa pode ser abordada por químicos e físicos. Uma solução química possível é o uso de células combustíveis de hidrogênio, que produzem energia combinando hidrogênio e oxigênio e só geram água como subproduto. Algumas formas de poluição podem ser atacadas por enzimas originalmente produzidas por organismos vivos, mas que podem ser fabricadas em massa. Em 2015, pesquisadores da Universidade de Pequim, na China, encontraram no intestino do bicho-da-farinha bactérias que digerem poliestireno expandido. E, em 2016, pesquisadores da Universidade de Quioto, no Japão, encontraram a bactéria *Ideonella sakaiensis*, que se alimenta de PET, tipo de plástico muito usado em embalagens de alimentos. Os pesquisadores isolaram a enzima que ela produz e a produziram em maior quantidade para decompor o PET em laboratório.

Aprender com o passado

Todos os grandes avanços da civilização exploraram o conhecimento químico. Com o benefício da visão histórica, é possível perceber onde deveríamos ter sido mais cautelosos em algumas de nossas realizações químicas. Sem dúvida, há mais avanços à frente; tenhamos esperança de usá-los com sabedoria.

ÍNDICE REMISSIVO

Abu Mansur 41
acetona 162
Afinidades eletivas, As (Goethe) 115
água
   e análise química 172, 174-5, 180
   gases na 105
água mineral 172, 174-5
alambique 34
al-Majriti, Maslama 43
al-Mansur 36
al-R zi, Muhammad ibn Zakariya 39-40
Alberto Magno 46-7, 48, 114, 173
alcatrão 164, 167
Alexandre Magno 27, 37
Alexandria 30-1
alkahest 174
alquimia 8
   e *alkahest* 174
   e a alma 48-9
   no Antigo Egito 30-1, 35
   na China 32-3
   e o corpo 49-50
   destilação 32, 33, 34, 35, 38, 41, 51
   na Europa medieval 43-53
   fraudulenta 50-3, 64-7
   geração espontânea 64
   na Grécia Antiga 28-32
   intrínseca e extrínseca 28
   e medicina 60-4
   macrocosmo e microcosmo 50
   no mundo árabe 36-43
   origem da 26-8
   e a pedra filosofal 35-6, 67
   processos químicos na 33-5
   no Renascimento europeu 56-67
   na Revolução Científica 9, 72-8
   sigilo da 31-2, 64-6
   transmutações na 28-31, 32-3, 40-3, 46, 50-3, 59, 66-7, 76
alumínio 83
aminoácidos 144
amônia 199-200
Ampère, André-Marie 103
análise qualitativa 177

análise quantitativa 177
Anaxímenes 21
Antigo Egito 16, 18, 30-1, 35
Ångström, Anders 183-4
antimônio 63, 83
Aquino, Tomás de 46, 47
ar
   composição do 92-102
   e flogístico 84, 94-100
   e fogo 94-100
   pressão do 92
   na Revolução Científica 88-105
   e vácuo 90-1
Archer, Frederick Scott 196
argônio 103
Aristóteles 19, 20, 21, 22, 28, 29, 30, 70, 88, 109
arsênio 83, 170, 175
Artéfio 48
aspirina 158-60
Aston, Francis 186
átomos
   afinidades de 113-16
   durante a Revolução Científica 109-16
   estrutura do 132-9
   e gases 120-1
   ideias sobre na Grécia Antiga 108-9
   e John Dalton 116-18
   ligações entre 123-5
   provas da existência de 122-3
   massa/peso de 118-19, 121-2, 125-30, 133-5
   e radioatividade 131-3
   símbolos do 121
Avery, Oswald 190
Avicena *ver* Ibn Sina
Avogadro, Amedeo 120-1, 150
Bacon, Francis 47-8, 49, 71-2, 107, 193
Baekeland, Leo 197
Bainbridge, Kenneth 186
"bala mágica" 160-2

bário 82, 83
barômetro 89-90, 110
baquelite 197
Bauer, Georg 172
Bayer 158, 159, 160
Beaumont, William 154
benzeno 150-1
Bergman, Torbern 114, 115
Berzelius, Jons Jacob 120, 121, 124, 143, 146
betume 164
bioquímica
   desenvolvimento da 154-5
   na pré-história 17-19
Biot, Jean-Baptiste 152-3
bismuto 80, 81, 83
Black, Joseph 82, 100
Blombos, sistema de cavernas 12
Bohr, Niels 133
Boisbaudran, Paul Émile Lecoq de 129
Boltzmann, Ludwig 124-5
Bonaparte, Napoleão 158, 180
boro 83
borracha 194-5, 198-9
Bosch, Carl 200
Boyle, Robert 57, 73, 74, 75, 78-9, 90, 91-2,97, 106-7, 112, 175, 176
Braconnot, Henri 144
Bragg, William 188
Brahe, Tycho 70
Brand, Hennig 80
Brandt, Georg 81
bronze 14-15
Brown, Robert 122
Buchner, Eduard 155, 157
Büchner, Johann 158-9
buckminsterfulereno, *ver* fulereno
Bunsen, Robert 127, 183
caduceu 27
Caetano, Domenico 67
cálcio 83
Cannizzaro, Stanislao 150
carbono 83, 148-9, 200-1
Carlisle, Anthony 180

ÍNDICE REMISSIVO

Carothers, Wallace 197
Carro triunfante do antimônio, O
  (Valentim) 63
Carter, Howard 16
carvão 164
Cavendish, Henry 95, 97, 100-1,
  103, 105
celuloide 196
cerâmica 13
césio 183
Chadwick, James 134
Chargaff, Erwin 190
Chain, Ernst 163
Charles, Jacques 105, 117
Chase, Martha 190
Chevreul, Michel 146
ciclo de Krebs 156-7
Cleópatra, a Alquimista 31
cloro 83, 102, 182
Clozets, Georges Pierre des 74
cobalto 81-2, 83
Coblentz, William 184
cobre 83
colódio 195-6
composição constante 117-18
compostos 102, 123-5
Comstock, J. L. 142
Comte, Auguste 183
controle da poluição 202-3
Copérnico, Nicolau 70
Corpus Hermeticum 56
Couper, Archibald Scott 124, 149
Crick, Francis 190-1
cristalografia de raios X 186-91
cromatografia 178-9
Cullen, William 114
Curie, Marie 133
Curl, Bob 200
Da Vinci, Leonardo 69, 77, 92
Dalton, John 101-2, 116-19, 121,
  123, 131, 166
Davy, Humphry 82, 102-3, 104,
  116, 123, 180-2
De aluminibus et salibus (Pseudo-
  Rāzi) 38

De magno lapide [A grande pedra]
  (Valentine) 66-7
De natura rerum [Da natureza das
  coisas] (Paracelso) 64
De re metallica (Bauer) 172
Dee, John 57-8, 59
Della Porta, Giambattista 58
Demócrito 21, 108
Descartes, René 109-10
destilação 19-20, 32, 33, 34, 35, 38,
  41, 51, 165-7
destilação fracionada 165-6
d'Eyrinys, Eirini 166
diamante 187
Diocleciano 30
Dioscórides 20
dióxido de carbono 99, 100, 202-3
*Dissertação sobre atrações eletivas,
  Uma* (Bergman) 114
DNA 189-91
Döbereiner, Johann 126-7
Domagk, Gerhard 161, 162
Domonte, Florès 195
Dumas, Jean-Baptiste 143-5
Ehrlich, Paul 160, 161-2
Eichengrün, Arthur 159
Einstein, Albert 122
elementos
  afinidades de 113-16
  e alquimia 28-32
  durante a Revolução Científica
    79-85
  e elétrons 133-5
  ideias sobre na Grécia Antiga 9,
    21-3, 32
  meia-vida de 131
  organização dos 125-30
  sintéticos 130
Elementos de química (Comstock)
  142
elétrons 133-9
elixir 40
Embden, Gustav 157
Empédocles 21
enxofre 83

enzimas 155
espectrômetro de massa 185-6
espectroscopia 182-5
estanho 83
estrôncio 83
Ewald, Paul 188
*Experiments and Considerations
  Touching Colours* (Boyle) 175
explosivos 199-200
extração 176
Faraday, Michael 182
fermentação 155
ferro 16, 83
fertilizantes 199-200
Ficino, Marsílio 56, 57
filtragem 176
Fleming, Alexander 162-3
flogístico 84, 94-100
Florey, Howard 163
flúor 83, 103
fogo 94-100
fósforo 83
Foucault, Léon 183
Frankland, Edward 124
Franklin, Benjamin 96
Fraunhofer, Joseph von 183
fulereno 200-1
Galeno 23, 61, 70
Galilei, Galileu 70, 110
gálio 129
gases
  na água 105
  e átomos 120-1
  halogênios 102-3
  pressão dos 105
  raros 103-4
  na Revolução Científica 88-105
gases halogênios 102-3
gases raros 103-4
Gassendi, Pierre 109, 110-12
Gay-Lussac, Joseph 105, 120-1,
  153, 182
Geber 45-6
Geiger, Hans 132
Geim, Andre 201

ÍNDICE REMISSIVO

Geoffroy, Claude 177
Geoffroy, Etienne 113-4
Gerhardt, Charles 150
Gesner, Abraham 167
glicose 144
Go Hung 33
Goethe, Johann Wolfgang von 11, 115
Goodyear, Charles 194-5
grafeno 201
Grécia Antiga
  alquimia na 28-32
  átomos na 108-9
  fabricação de vidro na 14
  metalurgia na 17
  método científico na 7, 9, 19-23
Grotthuss, Theodore von 181
Guericke, Otto von 21, 90-1
Haber-Bosch, processo de 200
Hales, Stephen 96
Harden, Arthur 157
Hayward, Nathaniel 194
hélio 104, 184, 185
Helmont, Jan Baptist van 73, 76-8, 88, 93, 96, 169, 174
Hermes Trismegisto 26-8
heroína 158
Herschel, William 182
Hershey, Alfred 190
hidrogênio 97, 120, 134, 135, 139, 183-4
Higgins, William 123
Hipócrates 23
Hobbes, Thomas 91, 112
Hodgkin, Dorothy Crowfoot 188-9
Hoff, Jacobus van't 153, 154
Hoffman, Felix 159
Home, Francis 178
Hooke, Robert 90
humores 23
Hyatt, Isaiah 196
Hyatt, John 196
Ibn Hayyan, Jabin 37-9, 40, 173
Ibn Sina, Abu Ali 42-3, 165
Ibn Yazid, Khalid 43
Ingenhousz, Jan 100
Instruções para impregnar água com ar fixado (Priestley) 99
insulina 163-4
isômeros 148
Janssen, Pierre-Jules-Cesar 185

Juncker, Johann 95
Kekulé, August 6, 149, 150
Kelvin, Lorde 153
Kepler, Johannes 70
Khalid, príncipe 37
Kircher, Athanasius 58
Kirchhoff, Gottlieb Sigismund 144
Kirchhoff, Gustav 183
Klaproth, Martin 177
Knox, George 103
Knox, Thomas 103
Kolbe, Hermann 146-7, 154
Kossel, Albrecht 190
Krebs, Hans 156
Kroto, Harry 200
Lagrange, Joseph-Louis 85
Laue, Max von 188
Lavoisier, Antoine-Laurent 83-5, 87, 96, 97, 98-9, 105, 117-18, 125, 143, 182 lead 83
Leibniz, Gottfried von 80
Leroux, Henri 159
Leucipo 21, 108
Levene, Phoebus 190
Lewis, Gilbert Newton 136-8
Lewis, William 178
Liber Secretus (Artéfio) 48
Liebig, Justus von 143, 144
ligações químicas 124-5, 148-54
linhas de Fraunhofer 183
Livro da composição da alquimia (Ibn Yazid) 43-4
Llull, Ramon 53
Loschmidt, Josef 124
Louyet, Paulin 103
Lucrécio 108
Ludersdorf, Friedrich 194
Łukasiewicz, Ignacy 167
macadame 167
magnésio 82, 83
malveína 147
manganês 82, 83
Marguerite, Frédéric 178
Maria, a Judia 31, 34
Marianos 37, 43
Marsden, Ernest 132
Marsh, James 175
Mayow, John 93, 96
medicina
  alquimia na 60-4

  alquimia da Europa medieval na 43-53
  e a química orgânica 158-64
Melvill, Thomas 182
Ménard, Louis-Nicolas 195
Mendeleiev, Dmitri 125, 127-8, 129
mercúrio 20, 83
Mesopotâmia 14, 22
Metafísica (Aristóteles) 21
metalocenos 197-8
metalurgia 1-4-17
Meyer, Julius Lothar 127
Minkowski, Oskar 163
Moissan, Henri 103
moléculas
  estrutura de 151-4
  quiralidade em 152, 153
molibdênio 82, 83
Moore, T. S. 139
Moseley, Henry 133-4, 136
movimento browniano 122-3
nanotubos 201
natro 18
Natureza da ligação química e a estrutura de moléculas e cristais, A (Pauling) 138
New Experiments Physico-Mechanicall, Touching the Spring of the Air, and its Effects (Von Guericke) 90-1
Newlands, John 127
Newton, Isaac 25, 70, 73, 74, 80, 113
Nicholson, William 180
níquel 81, 83
nitrogênio 100-1, 103
Northrop, John 155
Nova luz química, A (S dziwój) 92
Novo sistema de filosofia química (Dalton) 117
Novoselov, Kostya 201
nylon 197, 199
Olimpiodoro 35
Óptica (Newton) 113
Ortus Medicinae (Van Helmont) 77
Ostwald, Wilhelm 150
ouro 16-17, 83
  e alquimia 28, 30, 31, 32, 33, 34-5, 36, 38,40, 43, 45,46-7, 50-1, 52, 53, 66-7
  e a química analítica 171-3

ÍNDICE REMISSIVO

óxido nitroso 104
papiro de Estocolmo 28, 80
papiro de Leiden 28, 80
Paracelso 42, 50, 55, 60-2, 64, 174, 175
Parkes, Alexander 196
Parmênides 21
Pascal, Blaise 90
Pasteur, Louis 19, 153, 155
Passo do sábio, O (al-Majriti) 43
Paufler, Peter 201
Pauling, Linus 138-9, 189, 190
Paulze, Marie-Anne Pierrette 84
pedra filosofal 35-6
penicilina 162-3, 189
Perkin, William 147
Perrin, Jean 122-3
petróleo 164-5, 166-7
Pfaff, Christian 177
pH, escala de 174, 175
Philalethes, Eirenaeus 74, 174
Phillips, David 155
plásticos 194-8, 203
Platão 109
platina 82, 83
Plínio, o Velho 20
polônio 133
polietileno 197
poliestireno 197, 198, 203
potássio 83, 181
prata 17, 83
precipitação 176-7
pré-história 12-19
Priadunov, Fiodor 166
Priestley, Joseph 93, 95, 96, 97-8, 99, 100
Principe, Lawrence 63
Principia Mathematica (Newton) 73
processo digestivo 154, 155
produção de pigmentos 12-13
Prontosil 161, 162
Proust, Joseph 119, 135
Prout, William 120
Pseudo-Rāzi 38
PVC 196-7
querosene 167
química analítica
 cristalografia de raios X 186-9
 eletricidade na 179-82
 e a escala de pH 174, 175
 espectrômetro de massa 185-6

espectroscopia 182-5
 primeiros métodos da 171-5
 razões da 170
 técnicas de separação 176-9
 vias seca e úmida da 170-1, 174-5
química orgânica 18-19
 aplicações industriais 164-7
 e avanços da medicina 158-64
 características da 142-3
 ciclo químico na 155-8
 descrição da 141
 ligações químicas na 148-54
 sintética 144-7
 e vitalismo 144-7
Químico cético, O (Boyle) 78-9
quiralidade 152, 153
raciocínio dedutivo 71
raciocínio indutivo 71
radioatividade 131-3
rádio 133
Ramsay, William 103-4
Raoult, Didier 166
Rayleigh, Lorde 103
reações químicas 114
Réaumur, René de 154
Regnault, Henri 196
Renascimento europeu
 alquimia no 56-67
 método científico no 70-8
Ritter, Johann 105
Robert de Chester 43
Roma Antiga 14, 17
Röntgen, Wilhelm 131, 186
Roquetaillade, Jean de 49-50
Rouelle, Hilaire 144
rubídio 183
Runge, Friedrich 179
Rutherford, Daniel 100
Rutherford, Ernest 131-3, 134
Salvarsan 161, 162
Sanger, Frederick 164
Scala, Giulio Cesare della 94
Scaliger, Julius Caesar 82
Scheele, Carl 81, 93-4, 102
Schweppe, Jacob 99
Secretum (Bacon) 49
S dziwój, Michał 92
Semon, Waldo 196
Senebier, Jean 100
silício 83, 148
Simon, Eduard 197

Smalley, Richard 200
Sneader, Walter 159
sódio 83, 181
Sorensen, Soren 175
Spallanzi, Lazzaro 154, 157
Spill, Daniel 196
Stahl, Georg 94-5
Stanley, Wendell 155
Starkey, George 73-1, 174
Staudinger, Hermann 197
Summa perfectionis (Geber) 45-6
Sumner, James 155
Tabela Periódica 127-8, 129, 130
"Tábua de Esmeralda" 26-8, 37, 50
Tales de Mileto 20
talidomida 152
tecnécio 130
técnicas de separação 176-9
telúrio 83
Teófilo 45
Thénard, Louis-Jacques 182
Thomson, J. J. 131, 136, 137, 185-6
titulação 177-8
Torricelli, Evangelista 89
Traité élémentaire de chimie (Lavoisier) 83, 84
Tratado metafórico (de Villanova) 49
Tsan Tung Chi (Wei Boyang) 32-3
Tsvet, Mikhail 178, 179
tungstênio 81, 82, 83
urânio 133
vácuo 90-1
Valentim, Basílio 63, 66-7
Vane, John 160
Villanova, Arnauld de 49
vitalismo 144-5
Volta, Alessandro 180
Watson, James 190-1
Wei Boyang 32-3
Weizmann, Chaim 162
Wicker, Henry 82
Wilkins, Maurice 190-1
Willis, Thomas 173
Winmill, T. F. 139
Wöhler, Friedrich 141, 144-6
Wollaston, William 172, 182-3
Young, James 166-7
Young, William 157
zinco 17, 83
Zósimo de Panópolis 1, 32, 34, 35-6

CRÉDITO DAS FOTOS

Capa: embaixo à esquerda e à direita, Wellcome Library, Londres; centro, Science Photo Library/Medimation; todas as outras imagens, Shutterstock
Alamy Stock Photo: 13 embaixo (Ancient Art and Architecture), 92, 132 à esquerda (Universal Images Group North America LLC), 171 embaixo (World History Archive)
Bridgeman Images: 30, 33, 34 top, 43, 46, 49, 52, 57, 70, 80, 82, 85, 142 embaixo
Diomedia: 50 (Science Source/New York Public Library Picture Collection)
Getty Images: 8, 60 (SuperStock RM), 72 (DeAgostini), 77, 99, 128, 134 (Bettmann Archive), 139 (The LIFE Picture Collection), 153 (ullstein bild), 164 (AFP), 167 (The Print Collector/Heritage-Images), 168-9 (Bloomberg), 180 (Corbis), 196 no alto (Corbis), 198 (Popperfoto Creative), 200 no alto (ullstein bild)
Mary Evans Picture Library: 10-11 (Interfoto/Sammlung Rauch), 24-5 (Interfoto/ Bildarchiv Hansmann), 54-5 (Photo Researchers), 68-9 (Photo Researchers), 76 embaixo (Photo Researchers)
NASA: 101, 135
Sandbh: 130
Science & Society Picture Library/Science Museum, Londres: 17 no alto, 31, 41, 45, 113, 126, 188 embaixo à esquerda, 195 embaixo
Science Photo Library: 89 (Sheila Terry), 121, 125 (Charles D. Winters), 157 (Sheila Terry), 184 no alto, 188 no alto (Ramon Andrade 3Dciencia), 189
Shutterstock: 6, 7, 12, 13 no alto e no centro, 17 embaixo, 18 embaixo, 20, 22, 27 no alto, 37×2, 44 embaixo, 63, 76 no alto, 79, 81, 86-7, 88×2, 93 embaixo, 99 no alto, 108, 109, 110, 118, 119, 122, 132 à direita, 140-141, 142 no alto, 145, 151×2, 154, 160 embaixo, 163, 165, 166, 174, 176, 177, 178, 179, 182, 184 embaixo, 191, 192-3, 196 embaixo, 197 no alto, 201, 202, 203
US National Library of Medicine: 64
University of Oregon: 190
Wellcome Library, Londres: 47, 59, 62, 65, 78, 91, 93 no alto, 94, 95, 96, 98, 103, 104×2, 111, 116, 120, 124, 133, 144, 146, 148 à direita, 155, 158, 159, 161, 170, 171 no alto, 172, 173 no alto, 175, 181, 185, 186, 194 (Macroscopic Solutions)
Wikimedia/Swetapadma07: 19

Ilustrações nas páginas 44 no alto, 152 no alto à direita, 187 no alto e embaixo à esquerda e 195 no alto de David Woodroffe.